基于引嘉入汉的引汉济渭跨流域调水工程协同调度研究

马川惠　白涛　苏岩　刘登峰　武连洲 等　著

中国水利水电出版社
www.waterpub.com.cn
· 北京 ·

内 容 提 要

本书针对引嘉济汉一引汉济渭跨流域调水工程初期和正常运行期的调度问题，在分析嘉陵江与汉江径流丰枯遭遇规律的基础上，考虑有无引嘉济汉新水源两种情况，建立并求解引汉济渭工程初期和正常运行期的泵站一水库一电站联合优化调度模型，研究了初期和正常运行期三河口水库年末消落水位规律，制定初期和正常运行期黄金峡、三河口水库联合供水优化调度方案和规则。本书的研究成果可最大限度发挥跨流域调水工程的综合效益，为指导工程实际运行管理提供参照。

本书可供从事跨流域调水工程的规划、水库联合调度、水资源优化配置等相关专业的科研、设计和运行管理人员参考，也可供大专院校相关专业师生参考。

图书在版编目（CIP）数据

基于引嘉入汉的引汉济渭跨流域调水工程协同调度研究 / 马川惠等著. -- 北京 : 中国水利水电出版社, 2021.11
ISBN 978-7-5226-0014-7

Ⅰ. ①基… Ⅱ. ①马… Ⅲ. ①跨流域引水一调水工程一调度一陕西、湖北 Ⅳ. ①TV68

中国版本图书馆CIP数据核字(2021)第196701号

书　　名	**基于引嘉入汉的引汉济渭跨流域调水工程协同调度研究** JIYU YINJIARUHAN DE YINHANJIWEI KUA LIUYU DIAOSHUI GONGCHENG XIETONG DIAODU YANJIU
作　　者	马川惠　白涛　苏岩　刘登峰　武连洲　等　著
出版发行	中国水利水电出版社 （北京市海淀区玉渊潭南路1号D座　100038） 网址：www.waterpub.com.cn E-mail：sales@waterpub.com.cn 电话：（010）68367658（营销中心）
经　　售	北京科水图书销售中心（零售） 电话：（010）88383994、63202643、68545874 全国各地新华书店和相关出版物销售网点
排　　版	中国水利水电出版社微机排版中心
印　　刷	清淞永业（天津）印刷有限公司
规　　格	184mm×260mm　16开本　9.75印张　237千字
版　　次	2021年11月第1版　2021年11月第1次印刷
印　　数	0001—1000册
定　　价	**58.00**元

前　言

陕西省引汉济渭跨流域调水工程是国务院确定的172项节水供水重大水利工程之一，通过跨流域调水工程将陕南汉江流域相对富足的水资源调入渭河流域，以补充渭河流域短缺的水资源量，保障陕西关中及陕北地区社会、经济、生态的高质量发展。工程规划在汉江建设黄金峡水库作为干流的调节水库，在支流子午河建设三河口水库，在调水的同时保证水库的发电、灌溉等综合效益。工程规划近期从汉江流域多年平均调水10亿m^3，远期的调水规模为多年平均15亿m^3。引汉济渭跨流域调水工程可从根本上解决渭河流域突出的水资源短缺和限制关中地区可持续发展的缺水问题，及时地补给关中地区的生态用水，改善和修复渭河流域的水生态、水环境现状。为了保证引汉济渭跨流域调水工程在未来可以达到其最终的设计供水规模，陕西省对引汉济渭跨流域调水工程的补充水源进行了前期论证和规划，结果表明：从嘉陵江引水到汉江上游的补充水源方案，可进一步提高引汉济渭跨流域调水工程的设计调水量和保证率。随后，长江水利科学研究院将"引嘉入汉"新水源的补充作为引汉济渭工程达到设计调水量的前提条件，编入工程规划报告。目前，"引嘉入汉"新水源工程还处于规划阶段，工程规划从嘉陵江干流建设取水口，自流引水到汉江上游，以补充汉江水量使引汉济渭工程达到远期规划的最大调水量。在有"引嘉入汉"工程的情况下，调水工程势必对嘉陵江的径流造成影响，导致嘉陵江下游可利用水量的减少，威胁了嘉陵江流域水生态环境的健康。在有"引嘉入汉"新水源的条件下如何发挥引汉济渭工程最大的效益，保证嘉陵江下游的生产生活用水，以及生态环境用水可持续发展是亟须解决的重要问题。

2017年，西安理工大学水资源调控与生态保护团队承担了陕西省水利科技计划项目"考虑引嘉入汉新水源的引汉济渭跨流域复杂水库群联合调度研究"（项目编号：2017slkj－16）。2018年，团队承担了陕西省自然科学基础研究计划项目"引汉济渭跨流域调水工程调水区的河道生态响应与模拟"（项目编号：2018JQ5145）；2019年，团队分别承担了陕西省自然科学基础研究计划联合基金项目"气候变化条件下引汉济渭工程水资源风险评估与防控策略研究"（项目编号：2019JLM－52）和中国博士后基金会特别资助项目"基于河道生态通量的河道水动力模拟研究"（项目编号：2019T120933）。持续5年的研究工作，在考虑"引嘉入汉"新水源的条件下研究了嘉陵江和汉江径流的丰枯遭遇规律，解决了引汉济渭跨流域调水工程水库群联合调配关键技术，攻克了多水库、多水源条件下的水库群优化调度、配置难题。本书正是在系统地总结和凝练上述研究成果的基础上撰写完成的。本书的研究成果可为引汉济渭跨流域调水工程发挥最大的效益提供技术和理论支撑，为引嘉入汉工程的规模论证提供参考。

全书共9章。西安理工大学白涛和陕西省引汉济渭工程建设有限公司苏岩撰写了第1章；西安理工大学白涛、马川惠撰写了第2章、第5章、第6章；西安理工大学刘登峰、白涛和西北农林科技大学武连洲撰写了第3章；西安理工大学马川惠和陕西省引汉济渭工程建设有限公司宋晓峰、麻蓉撰写了第4章；西安理工大学白涛撰写了第7章；西安理工大学马川惠撰写了第8章；西安理工大学白涛、陕西省引汉济渭工程建设有限公司苏岩、肖瑜撰写了第9章。本书由西安理工大学白涛统稿，黄强教授审稿。

本书的出版得到了陕西省水利厅、陕西省引汉济渭工程建设有限公司、陕西省科技厅等单位的大力支持，陕西省水利厅王建杰总工、郝晓静科长，陕西省水利学会孙平安教高，陕西省水利电力勘测设计研究院魏克武教高、周伟高工，陕西省引汉济渭工程建设有限公司杜小洲教高、王智阳高工、周亚波工程师、任小勇工程师、牟勇工程师，长安大学张洪波教授、刘招教授，西北大学蒋晓辉教授，西安理工大学黄强教授、王义民教授、畅建霞教授等专家、师长、同行给予了长期指导和帮助，在此表示衷心的感谢。学生任康博士、刘东博士、刘夏硕士、慕鹏飞硕士、姬宏伟硕士、黎光和硕士、喻佳硕士、李磊硕士、巨驰硕士、洪良鹏硕士、孙宪阁硕士、周雨虹硕士、苟少杰硕士在全书的资料整理、修改修订和校核工作中付出了辛劳，再此一并感谢。

本书受到国家自然科学基金面上项目（52179025、51879213）、中国博士后科学基金资助项目（2019T120933，2017M623332XB）、陕西省自然科学基础研究计划项目（2019JLM－52，2018JQ5145）、陕西省水利科技计划项目（2017slkj－16）、新疆维吾尔自治区水利厅规设局项目（403－1005－YBN－FT6I）的资助，在此表示感谢。

限于作者的能力和水平，书中难免存在错误和纰漏，恳请读者斧正。可将有关意见和建议发送至电子邮箱：wasr973@gmail. com。

作者

2021年10月

目　　录

第1章　绪　　论

1.1　研究背景及意义

水资源是人类赖以生存的基础性战略物资，其重要性不言而喻，既事关经济发展、社会进步与人类生存，也是一个国家综合国力的重要表现。随着世界人口的不断增加、经济的迅速发展，人类对于水资源的需求越来越大。特别在变化环境下，水资源的时间、空间分布变得极不均匀，水资源的供需难以有效平衡，成为制约社会、经济可持续发展的瓶颈因素。跨流域调水是解决这一问题的有效措施之一，亦成为当今世界水资源开发利用的热点，如美国加州的调水工程、澳大利亚的雪山调水工程、我国的南水北调工程等。

位于渭河流域的陕西关中地区是陕西省的粮食主产区和主要的工业聚集区，是国家确定的重点经济发展区，具有较强的辐射带动作用，关中地区的经济发展将直接影响陕西省经济社会的可持续发展。关中的绝大多数地区社会经济用水的来源为渭河流域，由于区内经济社会的快速发展和渭河水量的不断缩减，相关研究表明，要保证未来关中地区的可持续发展，水资源需求量会进一步扩大。然而，关中地区处于西北干旱半干旱地区，生态脆弱，属大陆性季风气候，冬季寒冷干燥，降水稀少，水资源匮乏；水环境与其重要地位不相适应，水资源短缺已成为制约关中地区经济社会发展的瓶颈因素。陕西省水资源地域、时空分布不均，与人口、国土面积和经济发展不匹配。陕南：国土面积占34%，人口占25%，水资源量占71.5%；关中：国土面积占27%，人口占60%，水资源量占16.5%；陕北：国土面积占39%，人口占15%，水资源量占12%。

为解决关中地区严重的缺水问题，需立足陕西省水资源现状：陕北缺水、关中水资源有限、陕南水资源丰富，必须实施跨流域调水。自20世纪90年代以来，陕西省通过调查研究、全面规划以及多方比选，提出了建设引汉济渭跨流域调水工程，将陕南汉江流域相对富足的水资源通过跨流域调水工程，以补充渭河流域明显短缺的水资源量，极大程度上解决渭河流域突出的水资源短缺、限制关中地区可持续发展的严重问题，并且对该地区的水生态环境减轻压力，远期目标是达到环境和经济社会的和谐发展。工程短期规划在2025水平年平均调水规模应不超过5亿m^3；长期规划在有新水源补充的条件下最终实现多年平均供水规模为15亿m^3/a。

为确保引汉济渭工程远期调水目标，陕西省提出了引汉济渭工程的后续水源工程——引嘉陵江的水入汉江（简称引嘉济汉跨流域调水工程）。引嘉济汉工程是陕西省在全面加快引汉济渭调水工程建设工作的同时，为进一步推进全省水利工作再上新台阶做出的一项重大决策，更是进一步支撑关中地区经济社会发展和生态环境建设的一项重大战略举措。针对陕西省水资源分布不均衡的现状，实施引嘉济汉工程在缓解关中缺水和水环境压力的同时，还可保证陕南水源地保护措施的落实。引嘉济汉、引汉济渭工程在全省用水总量控制的前提下，可进一步促进省内水资源用水指标的合理配置。

嘉陵江是汉江的引水水源，汉江同时又是渭河的引水水源，引嘉济汉和引汉济渭工程共同构成了一个多水源嵌套的复杂跨流域调水系统。从全国看，该工程为解决西北地区的水资源短缺问题提供了一个跨流域调水工程样板。从世界范围内来看，该跨流域调水工程的复杂性也是少有的，不仅在工程建设中存在超大埋深长隧洞、高温岩爆、高地应力、高扬程等关键工程技术难题，而且在工程运行管理中，也存在强约束、高维、非线性、多目标的调度难题。因此，研究引嘉济汉、引汉济渭多水源复杂跨流域调水工程的优化调度问题，具有重要的理论意义和实际价值。

本书针对引嘉济汉-引汉济渭跨流域调水工程初期和正常运行期的调度问题，在分析嘉陵江与汉江径流丰枯遭遇规律的基础上，考虑有无引嘉济汉新水源两种情况，建立并求解引汉济渭工程初期和正常运行期的泵站-水库-电站联合优化调度模型，研究初期和正常运行期三河口多年调节水库年末消落水位规律，制定初期和正常运行期黄金峡、三河口水库联合供水优化调度方案和规则。研究成果可最大限度地发挥跨流域调水工程的综合效益，为指导工程实际运行管理提供参照。

1.2 国内外研究进展

跨流域调水工程是解决水资源短缺、水旱灾害，缓解水资源供需矛盾的有效工程措施。其中，水库是对天然径流进行重新分配的最直接、最有效的方式之一。水库调度属于非工程措施，其目的是为水库的运行管理制定科学合理的运行方案或规则，从而最大限度地发挥发挥水库功能。水库调度一般可分为常规调度和优化调度。

常规调度是结合水库自身的功能特性，考虑供水、发电、防洪等多种综合利用要求，在满足一定约束条件下，通过径流调节计算得到水库的蓄放水过程，包括基于调度图的模拟调度、等流量调节、等出力调节等运行方式。基于常规调度方法得到的水库运行过程简单而直观，但无法保证水库系统运行性能最优。

优化调度是在常规调度的基础上采用最优化理论和技术，制订出使得优化目标取得极值（如发电量最大、缺水率最小等）的水库控制运用方式。优化调度的核心内容有两点：一是建立合理的优化模型，二是寻求合适的求解算法[1]。

1.2.1 传统水库优化调度

自20世纪40年代Masse首次提出水库调度的概念以来，水库调度理论与方法得到了长足的发展。尤其是近几十年来，在国内外众多学者的努力下，水库调度理论体系不断完善与发展。

水库调度是实现水资源优化配置的重要方法和有效举措，能有效缓解区域干旱、洪涝等自然灾害，对于实现可持续发展水资源战略有重要的支撑作用。

Little[3]基于马尔科夫原理建立水库随机动态规划（SDP）模型。Howard[4]、Loucks等[5-6]提出策略迭代法求解马氏决策规划模型。Aslew[7]利用概率约束法替换机会约束法开展水库随机调度模型研究。Rossman[8]将Lagrange乘子理论与随机约束问题相结合，优化解使破坏的期望值被限定在一定的范围内。Turgeon 等[9-11]采用集合随机动态规划算法和解集逼近法，得到并联水库群发电系统的优化解。Ahmed[12]在求解加拿大某 5 水库群系统调度问题时，通过主成分分析方法将高维优化模型简化成低维模型，取得了很好的效果。Foufoula 等[13]应用梯度动态规划算法，较好地解决了水库群系统的“维数灾”问题。Karamouz 等[14]提出贝叶斯随机动态规划方法，为解决高维水库群调度问题提供了一条新思路。Oliveira 等[15]利用遗传算法（GA）优化了水库群系统的调度规则。

国内的水库优化调度研究始于 19 世纪 60 年代：杨旺旺等[16]利用改进萤火虫算法求解黑河流域梯级电站群的发电量最大模型。吴沧浦[17]构建了水库最优控制过程的动态规划模型。谭维炎等[18]结合动态规划算法与马尔科夫理论，构建了水库长期优化调度模型。张勇传等[19]通过应用时空离散马尔可夫过程描述径流，在构建水库优化调度模型时，面临时段入流则由短期预报提供，提高了优化调度结果。董子敖等[20]构建了包含国民经济效益最大为目标函数的水库优化调度模型，同时为防止破坏深度不满足模型约束，将满足发电保证率要求的可变约束法应用于调度模型。张勇传等[21]采用大系统分解协调理论构建了水库群优化调度模型，得到并联水库发电最大化调度规则。纪昌明等[22]为解决混联水电站长期调度的难题，基于离散微分动态规划（DDDP）算法对调度规则进行了优化，进一步提高了水库群系统效益。为解决跨流域水库群供水优化调度中存在的多维、多目标和变时段优化调度难题，胡振鹏[23]基于复杂大系统的多目标递阶分析理论，构建了水库群分解-聚合调度模型。黄强等[24]系统研究了大系统分解协调算法在水库群优化调度模型中的应用。李亮等[25]将大系统分解协调方法和逐次优化法进行结合，应用于复杂水库群调度问题当中，并系统总结了该方法的优势和不足。梅亚东等[26]以黄河流域复杂水库群为研究对象，将 DP 与 DDDP 的组合优化算法应用于水库群优化调度中，验证了该方法的有效性。由于水库优化调度也是一个典型的管理科学问题，调度决策会受到决策者的主观认知影响，张勇传等[27]、吴信益[28]考虑到决策者认知局限性对水库调度的影响，通过模糊数学理论和水库优化调度结合以降低这种影响。此外，王本德等[29]、程春田等[30]、谢新民[31]等深入研究了基于模糊数学理论的水库优化调度模型。

水库往往包含多种综合利用方式，往往需要兼顾发电、防洪、供水等具有矛盾性的目标。按照求解算法的不同，现阶段多目标优化调度问题可以分为两类：传统多目标优化方法和多目标智能优化方法[32]。传统多目标优化方法受到决策者的主观因素制约，通过约束法、层次分析法、线性加权法、理想点法将多目标优化问题转化为单目标优化问题进行求解，其本质上还是单目标优化问题。赵鸣雁等[33]对实际调度问题采用 ε 约束法处理多个具有效益冲突的目标，得到了兼顾发电和供水目标的均衡解。董子敖等[34]将多目标调度模型通过多层次优化算法进行降维，通过对不同层次调度模型进行求解，以克服“维数灾”的问题。张玉新[35]基于动态规划模型原理构建了多维度多目标决策模型，通过实例应用评估了该调度模型的通用性。林翔岳等[36]通过多目标分层序列法对多目标多水库系统的调度问题进行重构，得到双层单目标调度模型。贺北方等[37]为克服高维调度系统的“维数灾”难题，采用自迭代模拟算法解决水库群多目标调度问题。杨侃和陈雷[38]在分析梯级水电站调度网络时，应用多目标分层排序网络构建了水库群多目标网络分析模型。陈洋波等[39]构建了以发电量和保证出力最大为目标函数的大规模水库群调度数学模型，通过提出的决策偏好系数法得出最优调度结果。高仕春等[40]关注水电系统经济效益，通过将其他调度目标作为约束进行处理，建立了发电效益最大的优化调度模型。常黎等[41]提出线性综合优化算法，该算法直接计算每个单目标的效益得到多目标函数的帕累托前沿，提高了多目标调度模型的计算效率。杨扬等[42]考虑到多目标调度模型的目标权重非一致性，用不同权重系数综合调度模型目标函数，得出最优调度规则。

1.2.2　水库群多目标调度

进化算法将生物群体抽象为实际问题的解集合，通过选择、交叉和变异等算子对解集进行更新，适应性较强的解（个体）得到保留和进化。在水库调度领域，应用较多的有遗传算法（GA）、蚁群算法（ACO）、粒子群算法（PSO）等。进化算法主要应用于不能被线性规划和非线性规划方法求解的高维非线性优化问题。Rosenberg[43]首次应用遗传算法解决多目标水库优化调度问题，尽管多目标问题被转化为单目标问题进行优化，但是为多目标优化问题的求解奠定了基础。David[44]提出向量评价遗传算法以解决多目标优化问题。

21世纪以来，将多目标进化算法用于解决复杂水库群多目标调度问题成为主流。朱仲元等[45]提出在遗传算法中用目标解矩阵对个体适应度进行评价，通过构建的多目标调度模型对算法进行了适应性测试。Kim等[46]应用非支配排序遗传算法（Non－dominated Sorting Genetic Algorithm，NSGA－Ⅱ）构建了多目标调度模型，求解结果满足效益目标。Janga和Nagesh[47]提出多目标差分进化算法，通过和NSGA－Ⅱ的求解效率进行对比，验证了该算法在水库调度中的优势。Li等[48]为了提高多目标遗传算法在实际应用中的效果，通过耦合宏进化机制优化了综合利用水库调度图。杨俊杰等[49]提出应用自适应网格算法改进多目标粒子群算法，通过多目标优化调度问题进行了算法验证。Alexandra和Darrell[50]应用粒子群算法构建了水库群多目标优化调度模型，评估了不同算法参数对求解结果的影响。李辉[51]鉴于传统约束法和权重法的不足，结合Pareto最优解的概念在PSO算法中引入惯性权重自适应调节机制，形成改进多目标微粒群算法（IMOPSO），然后应用该算法对多目标优化模型直接求解得到了Pareto最优解。

贠汝安等[52]讨论了NSGA－Ⅱ算法及其参数确定问题，利用NSGA－Ⅱ对两目标水库优化调度问题进行求解，求出了问题的Pareto前端，并比较了不同参数取值对优化结果的影响。张世宝等[53]建立了水库汛期多目标优化调度模型，将NSGA－Ⅱ算法应用于模型求解，选择较优方案与实际值比较。结果表明，用最优化算法能取得较满意的调度效果，既满足了排沙减淤的需要，又可取得较大的发电量。张小潭等[54]提出了基于拥挤距离的多目标粒子群优化算法（MOPSO－CD），通过多目标优化调度模型，验证了MOPSO－CD的求解效率。王渤权等[55]将自组织映射和GA相结合，通过在多目标水库调度模型中的应用，解决了GA易陷入局部解的求解缺陷。

张松[56]提出混合遗传-布谷鸟算法（GACS），在非线性水文预报调度模型参数全局优化率定问题中得到应用。王学斌等[57]建立了考虑水库洪水、发电和生态目标在内的小浪底—西霞院多目标调度模型，采用基于个体约束和群体约束的改进快速非劣排序遗传算法

（ICGC－NSGA－Ⅱ）求解，探索水库兴利、防洪和生态等目标之间的效益关系。张召等[58]考虑兴利效益和生态效益之间的冲突关系，将生态流量区间和多目标水库调度模型相结合，采用NSGA－Ⅱ算法求解得到均衡解。阚艳彬[59]针对大规模梯级水库群多目标调度问题，构建了调度模型并应用非支配近邻免疫算法（NNIA）对模型进行求解。哈燕萍等[60]以安康水库为研究对象，建立多目标水库生态调度模型，采用GA和NSGA－Ⅱ对模型求解。方国华等[61]提出多目标混合蛙跳差分算法求解梯级水库多目标生态调度模型，实例计算表明，该算法能够得到收敛性与分布性较好的调度方案集。张翔宇等[62]利用拟随机Halton序列及自适应调整的方法对传统NSGA－Ⅱ的初始种群多样性和算法收敛性进行改进，实例计算表明，改进的算法相比传统算法更为高效、合理。王学斌等[63]构建考虑生态和兴利的水库多目标优化调度模型，并提出了一种基于个体约束和群体约束技术的改进快速非劣排序遗传算法（ICGC－NSGA－Ⅱ）求解。张晓等[64]建立了在防洪调度中实现水电站发电量最大的优化模型，应采用基于分解的多目标进化算法求解。邓铭江等[65]提出现阶段生态调度已经不再是简单的嵌入兴利调度的运行模式，逐渐转变为“后坝工时代”基于水循环面向全流域、长系列的大尺度综合调控过程。吴乐[66]以发电所需要的成本、污染气体排放量和网损为优化目标，构建了考虑V2G（Vehicle－to－grid）网络和风力发电的一种新的多目标发电调度模型，并提出了基于切比雪夫分解的多目标发电调度搜索算法。苏律文等[67]以获取不同偏好下的调度方案为目标，提出了一种改进的多目标猫群算法，通过引入外部归档集来储存进化过程中的精英个体，并对结合率进行改进，同时设计了精英变异策略防止算法陷入局部解。银星黎[68]提出了基于参考点的改进多目标鲸鱼算法，实现对模型的高效求解，并通过模拟径流检验，验证了多目标调度优化模型结果的有效性。赵梦龙[69]构建了黑河干流梯级水电站水库多目标联合优化调度模型，基于改进的NSGA－Ⅱ多目标优化算法求解，定量描述了不同目标之间的转换关系，采用Copula函数研究了多目标竞争机制，采用模糊优选决策理论优选了非劣解集。Liu等[70]通过将风力发电、光伏发电与水电调度相结合，构建了用于交叉和变异的动态可行区域用于多目标最优调度模型，采用改进的多目标进化算法获得了非支配解。吴智丁[71]将仿水循环算法（WCA）引入梯级水库群多目标优化调度中，该方法通过对自然界水循环过程的模拟，构建多目标下的相对重力机制，实现对非劣解的有效搜索。吴梦烟等[72]采用改进的烟花算法求解带自适应罚函数的水库多目标优化调度数学模型，针对传统烟花算法在运行后期可能出现最优烟花爆炸半径为零的问题以及传统烟花算法位移变异操作的不足进行改进。郭生练等[73]以长江上游30座水库巨型水库群为研究对象，建立提前蓄水多目标联合优化调度模型，采用分区策略、大系统聚合分解、参数模拟优化方法和并行逐次逼近寻优算法求解。Liu等[74]提出一种新的双目标优化算法，基于狮子群的社会结构和NSGA－Ⅱ的框架，称为LPA（Lion pride algorithm）。综上所述，目前解决多目标水库优化问题相对成熟的进化算法有：NSGA－Ⅱ和MOPSO。

1.2.3 跨流域调水工程运行调度

跨流域调水工程的建设历史悠久，最早出现于公元前2500年，位于美索不达米亚南部。国外大规模调水工程是在20世纪50年代开始发展起来的，比较著名的有：巴基斯坦的西水东调工程，该工程从印度河自流引水向巴基斯坦东部地区，年平均调水量达160亿m^3；美国的中央河谷工程，单级提水扬程为857m，堪称世界之最；加拿大的Churchill调水工程是目前世界上利用自然河床实施跨流域调水的典型。我国最早的跨流域调水工程于开凿大运河时期开始兴建，至今已经有2400多年的历史。自20世纪以来，我国先后建设了多项超级跨流域调水工程，如南水北调工程。

跨流域调水工程是连通河湖水系，解决水资源时空分布不均的有效措施之一。陕西省引汉济渭跨流域调水工程是国务院确定的172项节水供水的重大水利工程之一，其建设与运行可极大程度上缓解关中地区的水资源供需矛盾，其对于陕西省工业转型升级和优化布局，改善渭河流域的生态环境、补充关中地区地下水具有重要的意义[75]。同时，引汉济渭工程对于建成经济充满活力，生态环境优美、彰显中华文化、具有国际影响力的关中平原国家级城市群提供了稳定的水资源供给保障。

卢华友等[76]以南水北调中线工程为研究对象，建立了基于多维动态规划的大系统分解协调实时调度模型，通过最优调度结果提取了水源区水库优化调度图。耿六成等[77]通过对丹江口水库的调蓄能力进行分析，综合考虑到南水北调工程沿线地区可行的调蓄工程，对工程的水量调度结果进行了全面的评估。杨春霞[78]对大伙房跨流域引水工程开展研究，采用长系列法编制水库兴利调度图。Li等[79]将模糊识别功能与调度方案优选方法相结合，对适用于调水工程的优化算法和模型结构进行了评估。梁国华等[80]以辽宁省“东水西调”工程为背景，针对水文现象的不确定性以及影响预报的因子难以量化这一问题，采用旬径流预报方法得到的预报径流信息对大伙房跨流域引水工程进行调度，通过引水规则、供水规则和弃水规则为一体的预报调度规则和调度图调度后，发现在保证用水的情况下，实现了引水量与弃水量最小。

Xi等[81]结合降雨预报信息，建立了跨流域调水和风险评价模型。首先根据水库的现状和来自全球预测系统的降雨预测信息，根据流域间输水规则确定实际引水量，其次利用水库供水操作系统分配流域间输水水库的水资源，最后确定输水可靠性、回弹性和供水脆弱性作为风险分析指标，建立综合风险评估模型。Chen等[82]针对跨流域调水风险管理中模糊多目标决策分析，制订了四种类型的模糊算子，研究备选方案受到的物理、化学、社会经济、管理和技术因素等方面的制约。结果表明，模糊算子的使用是有指导意义的。习树峰等[83]利用决策树算法根据水库当前状态和GFS降雨预报信息获取跨流域调水规则，通过建立的跨流域调水工程供水调度模型，确定了跨流域调水工程的可调水量。Guo等[84]提出了一种同时考虑调水和供水的双层规划调度模型以解决跨流域调水工程中的多水库联合运行问题，结果表明，所提出的双层规划模型和制订的规则合理、可行。郭旭宁等[85]建立了适合于主从递阶结构的跨流域水库群联合调度二层规划模型，调度规则由各水库蓄水量的调水控制线决定调水情况，供水规则由各库供水调度图表示，采用并行种群混合进化的PSO算法对模型进行求解。曾祥等[86]提出了基于水源水库与受水水库的蓄水状态进行判断的调水启动标准，采用缺水程度最轻、水库群弃水量最小和实际调水量与水行政主管部门确定调水量误差最小为目标函数，采用并行多种群混合进化的粒子群算法进行求解。周惠成等[87]针对跨流域引水工程中受水水库引水与供水联合调度问题，建立了供水量最大和引水效率最高的多目标联合调度模型，将其分解为单目标问题，采用长系列模拟优化方法，求解联合调度图及其调度规则。Zeng 等[88]提出了一组基于供水水库库容与受水水库库容的规则曲线来确定调水启动的方法，同时开发了一个调水规则曲线与限制规则曲线相结合的系统框架，采用改进 PSO 算法进行求解。彭安帮[89]根据跨流域水库群拓扑结构预设调度规则，供水与引水的启动标准由供水与引水调度线决定，联合供水采用主控水库法制定联合供水决策，以此建立了以供水量最大和引水量最小的联合调度优化模型。李昱等[90]以大伙房-观音阁-葠窝水库群为研究实例，首先根据水库群的拓扑结构和共同供水目标的分布情况，分层构建了两个虚拟聚合水库和相应的联合调度图；并根据水库自身属性以及供水任务，在分配共同供水任务时联合使用分水比例法和补偿调节法两种方法；同时设置补给限制线以避免过度补偿。然后以此构建水库群联合调度模型，并采用改进 GA 算法对模型进行优化求解，得到相应联合调度规则。彭安帮等[91]针对单纯采用优化算法求解大规模水库群联合调度图存在搜索效率低和求解结果不合理的问题，以辽宁省水资源联合调度北线工程为研究背景，进行水库群联合调度图概化降维方法研究。孙万光等[92]建立了有外调水源的多年调节水库群供水优化调度模型，将调水和供水进行协同优化。

万文华等[93]构建同时考虑跨流域调水和供水的水库优化调度模型，通过预设供水调度图和调水控制线形状，提出一种借鉴逐步优化算法（POA）的逐步优化粒子群算法。万芳等[94]建立跨流域水库群供水规则的三层规划模型，提出调水规则，引水规则和供水规则相结合的跨流域水库群优化调度规则，采用基于免疫进化算法的粒子群算法对模型进行分层优化。Bo 等[95]基于引汉济渭工程，以缺水指数最小和发电净效益最大为目标，建立多目标优化调度模型，并采用布谷鸟算法进行求解，得到了该工程的优化调度图。Ren 等[96]以引汉济渭工程为例，构建了多目标鲁棒决策框架，利用多目标优化和不确定性分析方法得到均衡调度规则，发现了影响系统的敏感因素。高学平等[97]针对以往的调水优化方法效率低而且不易得到最优方案这一问题，以南水北调东线山东段南四湖下级湖为研究对象，基于径向基函数代理模型建立调水过程优化模型，得到了调水过程方案参数区间内的最优方案，并基于实际调水情况求得不同起调水位下的调水过程最优方案。Ren 等[98]基于引汉济渭工程，提出了评估供水系统的性能的数值模拟框架：首先采用基于 Copula 方法计算了不同水源同步/异步遭遇概率，然后通过模拟退火算法和分割算法生成不同水源的合成月径流数据，并将其作为调度模型的输入，最后对供水系统的性能进行评价。Wu 等[99]针对引汉济渭工程，考虑经济和生态双目标来探索二者的相互制约关系。首先，利用通过季节分解和趋势分解来修正突变的径流序列，得到生态需水过程。然后通过具有可行搜索空间的 PSO 算法对模型进行求解。最后考虑生态用水需求，生成调度规则。Roozbahani 等[100]用 AHP、Dematel 和 Shannon 熵三种方法确定跨流域调水方案权重，帮助决策者评估跨流域调水方案优劣。

综上所述，以往的跨流域调水工程通常只涉及两个流域，而对于三个流域之间的跨流域调水工程比较少见，并且不同水源之间的水力联系相对单一。本书研究对象涉及三个不

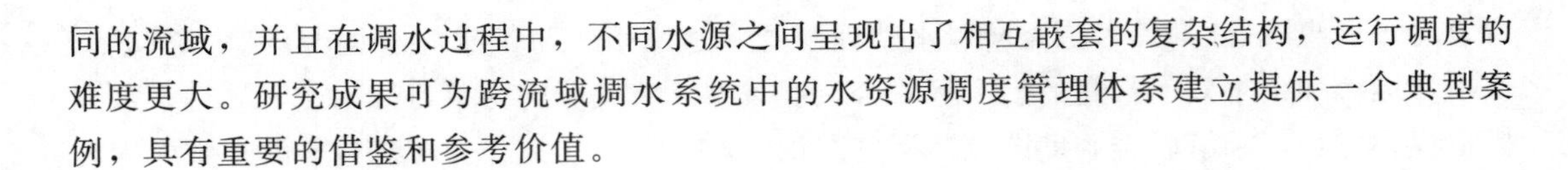

同的流域，并且在调水过程中，不同水源之间呈现出了相互嵌套的复杂结构，运行调度的难度更大。研究成果可为跨流域调水系统中的水资源调度管理体系建立提供一个典型案例，具有重要的借鉴和参考价值。

1.3 研究内容

本书针对嘉陵江、汉江、渭河跨流域调水工程运行调度问题，主要分析嘉陵江与汉江的径流的丰枯遭遇规律；在不考虑或考虑引嘉济汉新水源的情况下，建立并求解引汉济渭跨流域调水工程的初期、正常运行期的泵站-水库-电站协同模拟、优化调度模型；研究初期和正常运行期水库调度规则，包括水库调度图、调度函数以及多年调节水库年末消落水位控制方程；探讨径流不确定性对调度结果的影响；最后，进行不同调水量下嘉陵江生态效益分析。

主要研究内容包括：

（1）多水源径流特征及丰枯遭遇分析。收集嘉陵江和汉江的水文气象资料，统计分析嘉陵江和汉江的径流特征，研究嘉陵江、汉江以及渭河多水源的径流丰枯遭遇规律。

（2）跨流域调水“泵站-水库-电站”协同模拟调度研究。不考虑引嘉济汉调水，以三河口水库为主、黄金峡为辅，建立跨流域调水工程初期运行的泵站-水库-电站协同模拟调度模型，研究求解模型的模拟算法，设置调度方案集，模拟并分析调度结果。

（3）跨流域调水“泵站-水库-电站”协同优化调度研究。考虑引嘉济汉调水，以黄金峡为主、三河口为辅，分别以缺水率最小和调水量最大为目标，建立跨流域调水工程正常运行期的泵站-水库-电站优化调度模型，研究求解模型的优化算法，优化并分析调度结果。

（4）跨流域调水“泵站-水库-电站”协同调度规则研究。研究初期和正常运行期黄金峡、三河口水库联合运行调度图；建立基于人工神经网络的调度规则；筛选影响年末消落水位的主要因子，建立初期和正常运行期的三河口多年调节水库年末消落水位运行方程。

（5）跨流域调水“泵站-水库-电站”协同调度不确定性分析。基于“泵站-水库-电站”协同调度优化模型，基于多种方法生成径流序列，分析径流不确定性对运行调度结果的影响；探讨了径流丰枯遭遇对供水可靠度的影响。

（6）不同调水量的嘉陵江生态效益分析。划分典型年系列，计算得到略阳取水口多年的生态环境流量过程线；分析调水-生态环境流量之间的关系，推荐保证工程高效利用和嘉陵江生态环境流量影响最小的效益均衡解。

1.4 技术路线

本书在收集和整理“引嘉济汉”“引汉济渭”调水工程的水文、气象、工程设计等基本资料的基础上，针对跨流域调水“泵站-水库-电站”协同运行问题，提出了“抽-调-蓄

-输”全过程耦合贯通的系统调控模式，研究的技术路线见图1-1。

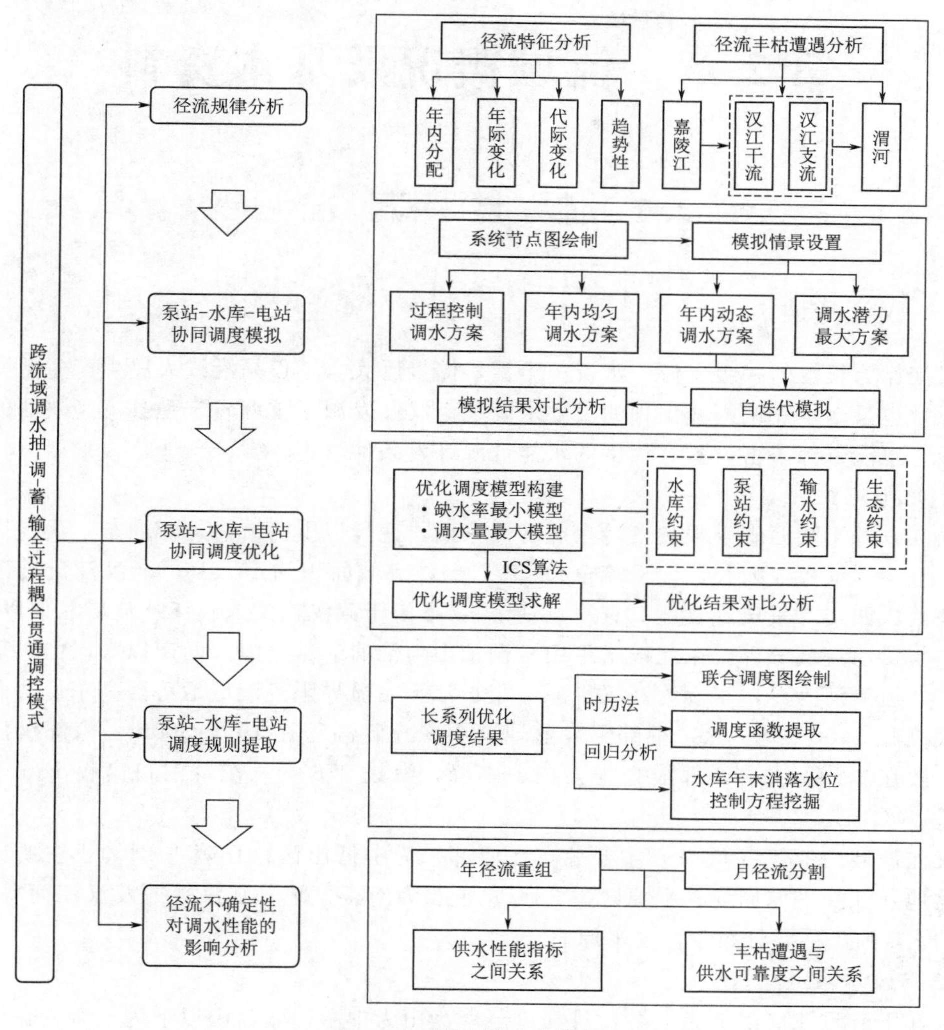

图1-1 研究技术路线图

第2章　流域概况及基本资料

2.1　流　域　概　况

2.1.1　汉江流域

汉江作为长江的一级支流，水资源丰富，储量巨大，不仅是沿线人民生产生活所必需的水源，也是南水北调中线工程的重要水源地。汉江发源于陕西省宁强县流经陕西的属上游河段，水能资源丰富，具有优良的水能资源开发条件。

1. 地形地貌

汉江发源于陕西省宁强县秦岭南麓的潘家山，襄樊以上河流总体流向东，襄樊以下转向东南，与武汉市注入长江，干流全长1577km，流域面积约15.9km^2。汉江流域涉及湖北、陕西、四川、重庆、甘肃5省（直辖市），下游于武汉市汇入长江。流域北部以秦岭、外方山与黄河流域分界，东北以伏牛山、桐柏山与淮河流域分隔，西南以大巴山、荆山与嘉陵江、沮漳河为界，东南为江汉平原，与长江无明显界限。流域地势西高东低，西部秦巴山底高程1000～3000m，中部男襄盆地及周缘丘陵高程在100～300m，东部汉江平原高程一般在23～40m。西部最高为太白山主峰，海拔3767m，东部河口高程18m，干流总落差1964m。

汉江流域山地约占55%，主要分布在西部，为中低山区；丘陵占21%，主要分布于南襄盆地和江汉平原周缘；平原区占23%，主要为南襄盆地、江汉平原及汉江河谷阶地；湖泊约占1%，主要分布于江汉平原。

2. 河流水系

汉江干流丹江口以上为上游，丹江口至碾盘山为中游，碾盘山以下为下游。在汉江流域，集水面积大于1000km^2的一级支流共有21条，其中，面积超过1万km^2的有堵河、丹河、唐白河3条，面积为0.5万～1万km^2的有旬河、夹河、南河3条。本节主要介绍陕西省境内水系。陕西省境内的汉江为汉江上游段，山地流域发育，支流众多，水系分布为不对称树枝状。北岸支流发源于秦岭南坡，主要支流有沮水、褒河、湑水河、酉水河、金水河、子午河、月河、旬河、蜀河及金钱河等，南岸支流源于大巴山北坡，主要支流有玉带河、漾家河、冷水河、南沙河、牧马河、任河、岚河及坝河。

3. 降雨蒸发

汉江流域属东亚副热带季风气候区，冬季受欧亚大陆冷高压影响，夏季受西太平洋副热带高压影响，气候具有明显的季节性，冬有严寒，夏有酷暑。

汉江流域降水主要来源于东南和西南两股暖湿气流，流域多年平均降水量700～1100mm，其中，上游800～1200mm，中游700～900mm，下游900～1200mm。降水年

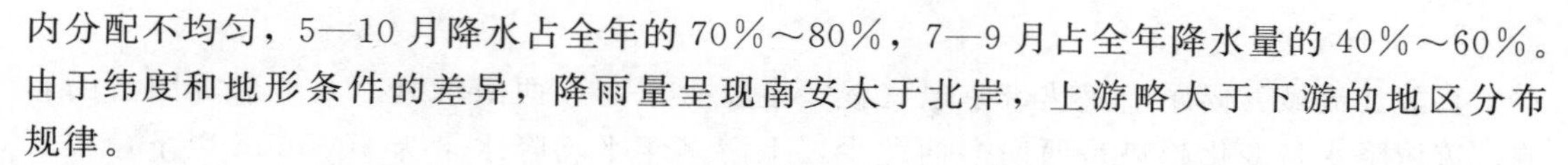

内分配不均匀，5—10月降水占全年的70%～80%，7—9月占全年降水量的40%～60%。由于纬度和地形条件的差异，降雨量呈现南安大于北岸，上游略大于下游的地区分布规律。

流域内多年平均气温12～16℃，极端最高气温为42.7℃；极端最低气温为－7.6℃。流域内水面蒸发量为700～1100mm，陆地蒸发量为400～700mm。多年平均风速为1.0～3.0m/s，冬季以NE风为主，夏季以SE风为主，最大风速为安康的24.3m/s（SSW）和枣阳的24.0m/s（S）。

4. 水资源量

根据汉江流域1956—1998年的统计资料，流域水资源总量为582亿m^3，扣除两者重复水量172亿m^3后地下水资源储量占到32%，地表水资源的储量占到68%。丹江口以上地区的水资源量占全流域水资源总量的66.7%，大约为388亿m^3，丹江口以下地区水资源总量约为194亿m^3，占到全流域的33.3%。

2.1.2 嘉陵江流域

嘉陵江是长江上游的重要支流，发源于秦岭山脉，干流流经陕西省、甘肃省、四川省、重庆市，并于重庆市汇流进入长江。干流长度约为1345km，流域的汇流面积约为3.92万km^2。降水是嘉陵江径流量最大的补给来源，地下水也是重要的补给来源。嘉陵江由甘肃省进入陕西省略阳县境内，在略阳县境内干流长86.75km，汇水面积2014.6km^2。年径流总量平均约为44.36亿m^3。嘉陵江水能资源蕴藏量为1525万kW，目前，流域内已经开发中小型水电站共91处，总装机容量52万kW，规划年发电量27亿kW·h，水能资源利用程度约为6%。

1. 地形地貌

嘉陵江流域地形地貌类型复杂多样，东北面以秦岭、大巴山与汉水为界，东南面以华蓥山与长江相隔，西北面有龙门山与岷江接壤，西及西南为以低矮分水岭与沱江毗连。昭化以上的上游河段，河流曲折，穿行于秦岭、米仓山、摩天岭等山谷之间，河流下切较深，河谷狭窄，水流湍急，水能开发量大。但多险滩礁石，航行条件较差，常有滑坡、泥石流现象，但植被状况较好。昭化到合川之间的中游河段，河道逐渐开阔，地形从盆地北部深丘逐渐过渡到浅丘区，曲流、阶地和冲沟发育较多，与江、涪江的中下游共同构成川中盆地，高程在200～400m之间，落差变小，水流平缓，航运价值较好，且地势起伏较小，农田集中，是四川重要的工农业基地之一。合川至重，庆入长江口的下游河段，河道经过四川盆地川东平行岭谷区，形成峡谷河段，称为"嘉陵小三峡"。

2. 河流水系

嘉陵江支流众多，其中集水面积大于1000km^2一级支流共有9条，位于甘肃省和四川省，其中面积超过1万km^2的支流有白龙江、渠江、涪江。

白龙江是嘉陵江最大的支流，河长为576km，其中甘肃省境内475km，流域总面积为3.18km^2。白龙江水系发育，支流众多，共有一级支流49条。自上而下较大支流有达拉沟、安子沟、尖尼沟、多儿沟、腊子沟、岷江、拱坝河、角弓河、北峪河、洋汤河、五库河、白水江、小团鱼河、大鱼团河、让水河、青川河、清江河等。

3. 降雨蒸发

嘉陵江流域气候属于亚热带季风气候，主要受东南和西南季风以及地形等因素的影响。流域降水量变化趋势是西南多西北少，上游多年平均降水量为 1000mm 以下，中下游多年平均降水量为 1000mm 以上，流域多年平均降水量为 935.2mm。降水年际年内变化大，降水主要集中在夏季（6—9 月），占年降水量的 65%左右；根据资料可知，年降水量最大时为 1283mm（1956 年），年降水量最小时为 643mm（1997 年）。

流域蒸发规律：多年平均水面蒸发量上游高于中下游，多年平均陆面蒸发量中下游高于上游。中下游多年平均水面蒸发量在 800mm 以下，上游山区水面蒸发量为 1000mm 左右。中下游多年平均陆面蒸发量在 600～700mm，上游山区水面蒸发量为 400mm 左右。

4. 水资源量

按照 1956—2000 年资料统计，嘉陵江流域年降水总量为 1490 亿 m^3，占长江流域的 7.70%，属于降水相对丰沛地区，多年平均地表水资源量为 699 亿 m^3。但由于流域地形条件较为复杂，降水面的分布和不均匀，使地表水资源量较为丰沛区为渠江区，多年平均地表水资源量可达 232 亿 m^3，地表水资源量偏少地区为干流广元以上干流区，多年平均地表水资源量仅仅为 194 亿 m^3。

嘉陵江地区地下水资源总量为 138 亿 m^3，其中广元昭化以上干流区地下水资源量 52.5 亿 m^3，涪江地下水资源量 39.9 亿 m^3，渠江地下水资源量 32.6 亿 m^3，广元昭化以下干流地下水资源量 12.7 亿 m^3。

2.1.3　渭河流域

渭河是黄河第一大支流，发源于甘肃省定西市渭源县西南鸟鼠山北侧，在陕西省潼关县注入黄河流经甘肃、宁夏、陕西 3 省（自治区），主河道平均比降为 0.223%，流域面积为 134766km²，占黄河流域面积的 18%。干流全长 818km，以宝鸡峡和咸阳为界，宝鸡峡以上为上游，河长 430km，河道狭窄，河谷川峡相间，水流湍急；宝鸡峡至咸阳段为中游，河长 180km，河道较宽，多沙洲，水流分散；咸阳至入黄河口为下游，河长 208km，比降较小，水流缓慢，河道泥沙淤积。

1. 地形地貌

渭河流域地形特点为西高东低，西部最高处高程 3495m，自西向东，地势逐渐变缓，河谷变宽，入黄口高程与最高处高程相差 3000m 以上。主要山脉北有六盘山、陇山、子午岭、黄龙山，南有秦岭，最高峰太白山，海拔 3767m。流域北部为黄土高原，南部为秦岭山区，地貌主要有黄土丘陵区、黄土塬区、土石山区、黄土阶地区、河谷冲积平原区等。

渭河上游主要为黄土丘陵区，面积占该区面积 70%以上，海拔 1200～2400m；河谷川地区面积约占 10%，海拔 900～1700m。渭河中下游北部为陕北黄土高原，海拔 900～2000m；中部为经黄土沉积和渭河干支流冲积而成的河谷冲积平原区关中盆地（盆地海拔 320～800m，西缘海拔 700～800m，东部海拔 320～500m）；南部为秦岭土石山区，多为海拔 2000m 以上高山。其间北岸加人泾河和北洛河两大支流，其中，泾河北部为黄土丘陵沟壑区，中部为黄土高原沟壑区，东部子午岭为泾河、北洛河的分水岭，有茂密的次生天然林，西部和西南部为六盘山、关山地区，植被良好；北洛河上游为黄土丘陵沟壑区，

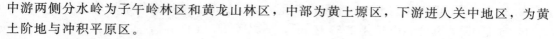

中游两侧分水岭为子午岭林区和黄龙山林区，中部为黄土塬区，下游进人关中地区，为黄土阶地与冲积平原区。

2. 河流水系

渭河支流众多，其中，南岸的数量较多，但较大支流集中在北岸，水系呈扇状分布，集水面积 1000km^2 以上的支流有 14 条，北岸有威河、散渡河、葫芦河、牛头河、千河、漆水河、石川河、泾河、北洛河；南岸有榜沙河、错河、黑河、沣河、灞河。北岸支流多发源于黄土丘陵和黄土高原，相对源远流长，比降较小，含沙量大；南岸支流均发源于秦岭山区，源短流急，谷狭坡陡，径流较丰，含沙量小。

泾河是渭河最大的支流，河长 455.1km，流域面积为 4.54 万 km^2，占渭河流域面积的 33.7%，泾河支流较多，集水面积大于 1000km^2 的支流有左岸的洪河、蒲河、马莲河、三水河，右岸的讷河、黑河、泔河。马莲河为泾河最大的支流，流域面积为 1.91 万 km^2，占泾河流域面积的 42%，河长 374.8km。

北洛河为渭河第二大支流，河长 680km，流域面积 2.69 万 km^2，占渭河流域面积的 20%。集水面积大于 1000km^2 的支流有葫芦河、沮河、周河。葫芦河为北洛河最大的支流，流域面积 0.54 万 km^2，河长 235.3km。

3. 降雨蒸发

渭河流域处于干旱地区和湿润地区的过渡地带，多年平均降水量 572mm（1956—2000 年系列，下同）。降水量变化趋势是南多北少，山区多而盆地河谷少。秦岭山区降水量达到 800mm 以上，西部太白山、东部华山山区达到 900mm 以上，而渭北地区平 541mm，局部地区不足 400mm。降水量年际变化较大，C_v 值为 0.21～0.29，最大月降水量多发生在 7 月和 8 月，最小月降水量多发生在 1 月和 12 月。7—10 月降水量占年降水量的 60%左右。

流域内多年平均水面蒸发量 660～1600mm，其中，渭北地区一般为 1000～1600mm，西部 660～900mm，东部 1000～1200mm，南部 700～900mm。年内最小蒸发量多发生 12 月，最大蒸发量多发生在 6 月、7 月，7—10 月蒸发量可占年蒸发量的 46%～58%。流域内多年平均陆地蒸发量 500mm 左右，高山区小于平原区，秦岭山区一般小于 400mm，而关中平原大于 500mm。

4. 水资源量

按照 1956—2000 年共 45 年数据资料计算，渭河流域多年平均天然径流量为 100.4 亿 m^3，占黄河天然径流量的 17.3%。

河川径流地区分布不均匀，渭河南岸来水量占渭河流域来水量的 48%以上，而集水面积仅占渭河流域面积的 20%。南岸径流系数平均 0.26，是北岸的 3 倍左右。天然径流量年际变化大，C_v 值为 0.30～0.60，最大年径流量 218 亿 m^3（1964 年）是最小年径流量 43 亿 m^3（1995 年）的 5 倍以上。75%偏枯水年份和 95%枯水年份流域天然径流量分别为 73.54 亿 m^3 和 50.34 亿 m^3。径流年内分配不均匀，汛期 7—10 月来水量约占全年的 60%，其中，8 月来水量最多，一般占全年的 14%～25%；1 月来水量最少，一般仅占全年的 1.6%～3.1%。

渭河流域多年平均地下水资源量为 69.88 亿 m^3，其中，山丘区为 35.95 亿 m^3，平原区 42.29 亿 m^3，山丘区与平原区重复计算量 8.36 亿 m^3。流域多年平均地下水可开采量为 35.71 亿 m^3，其中，山丘区 2.57 亿 m^3，平原区 33.14 亿 m^3。

流域地下水资源主要分布在渭河干流地区，占地下水总量的 82.1%。地下水可开采量与地下水资源量分布情况相似，渭河干流地区地下水可开采量最多，占总量的 91.9%。渭河流域多年平均水资源总量 110.56 亿 m^3，其中，天然径流量 100.4 亿 m^3，地下水资源量 69.88 亿 m^3，扣除二者之间重复量后，天然径流量与地下水资源量之间不重复量为 10.16 亿 m^3。75%偏枯水年份和 95%枯水年份水资源总量分别为 83.7 亿 m^3 和 60.5 亿 m^3。

2.2　引汉济渭调水工程概况

引汉济渭工程主体位于陕西省的汉江流域，从陕西省水资源比较丰富的汉江调水到缺水严重的渭河流域，解决渭河流域水资源短缺、挤占水生态环境用水等问题。现阶段工程正在紧张的建设当中，预计到 2025 近期水平年供水 5 亿 m^3，到 2030 年的远期水平年，工程在有南水北调工程后续水源的条件下供水达到 15 亿 m^3。总体开发方案为：以汉江较为丰富的可利用水资源，及支流子午河可利用水资源作为供水水源；汉江黄金峡水库和支流三河口水库作为供水的调蓄水库，以黄金峡泵站、三河口泵站、秦岭输水隧洞（黄三段、越岭段）为调水主体工程，完成调水至关中受水区的工程规划调水任务。其调水工程布局如图 2-1 所示。

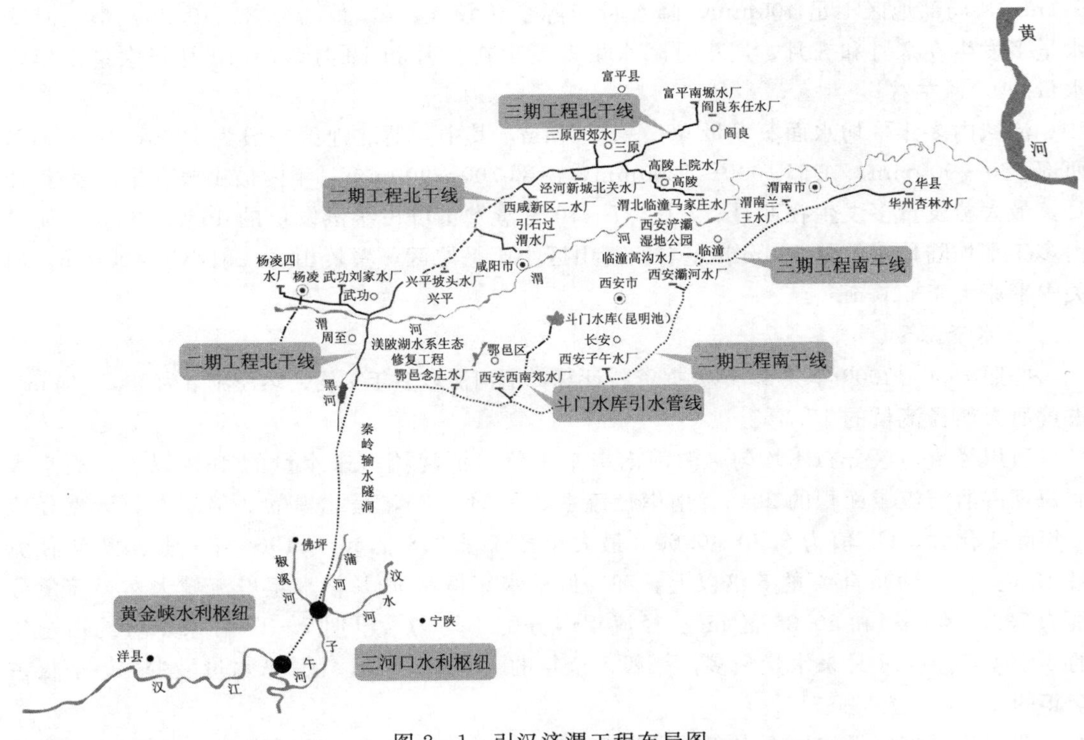

图 2-1　引汉济渭工程布局图

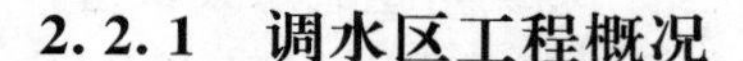

2.2.1　调水区工程概况

1. 黄金峡工程

黄金峡水利枢纽处于汉江干流黄金峡峡谷段的洋县境内，工程包括黄金峡水库、调水泵站和水电站等。

(1) 黄金峡水库。黄金峡水库大坝为碾压混凝土重力坝，主要任务是抬高水位提供调水条件，兼顾发电和改善汉江航运条件，是引汉济渭工程主要的调水水源地。其最大坝高为68m，总库容为2.29亿m^3，调节库容0.92亿m^3，正常蓄水位450m，死水位440m。

(2) 黄金峡泵站。黄金峡泵站位于水库大坝前，主要功能为输送黄金峡的水量到秦岭输水隧洞黄三段的进水口处，泵站设计流量70m^3/s，共7台。

(3) 黄金峡水电站。黄金峡水电站利用水库的下泄水量进行发电，黄金峡坝址处多年平均的来水量为66.36亿m^3，水库调节库容为0.92亿m^3，经计算得到黄金峡的库容系数为1.4%，属于日调节水库。

黄金峡工程的大坝、泵站和电站等的特征参数见表2-1。

表2-1　　黄金峡水利枢纽特征参数

特征参数		单位	数值
水库参数	正常蓄水位	m	450
	死水位	m	440
	总库容	亿m^3	2.29
	调节库容	亿m^3	0.9192
泵站特征参数	装机容量	MW	135
	装机台数	台	7
	装机容量	MW	135
	最低运行下水位	m	440
	设计运行下水位	m	440.55
	最高运行下水位	m	450
电站特征参数	保证出力($P=90\%$)	MW	8.6
	设计流量	m^3/s	435.3
	加权平均水头	m	36.5

2. 三河口工程概况

三河口水利枢纽位于汉江支流子午河中游峡谷段，是引汉济渭工程调水的主要调蓄工程，位于整个调水线路上的中间位置，具有“承上启下”的作用，其规模和布置与其他调水组成部分的工程规模和布置紧密联系，相互影响。枢纽修建有三河口水库和泵站群，对来自于黄金峡的多余水量和子午河来水进行调蓄，兼顾调水和发电。

(1) 三河口水库。水库大坝为碾压混凝土拱坝，最大坝高145m，总库容为7.1亿m^3，调节库容为6.49亿m^3，正常蓄水位为643m，汛限水位为642m，正常运行死水位为558m，特枯水年运行死水位为544m。

（2）三河口泵站。泵站安装 3 台可逆式机组和 2 台常规机组。利用可逆式水泵机组，工程可以将不能直接供给秦岭输水隧洞的水量，在黄三段控制闸处提升到三河口水库存蓄，同时在缺水阶段向控制闸自流供水。三河口水库坝址处多年平均来水量 8.61 亿 m^3，三河口水库的调节库容为 6.49 亿 m^3，计算其库容系数为 75.34%，属于多年调节水库。

三河口水利枢纽主要特征参数见表 2-2。

表 2-2　　　　汉江三河口水利枢纽特征参数

特征参数		单位	数值
水库参数	正常蓄水位	m	643
	死水位	m	558
	总库容	亿 m^3	7.1
	调节库容	亿 m^3	6.49
泵站特征参数	装机容量	MW	24
	装机台数	台	3
	抽水流量	m^3/s	18
电站特征参数	设计流量	m^3/s	72.71
	装机容量	MW	40/60

3. 秦岭输水隧洞

秦岭输水隧洞的起点为汉江干流黄金峡水库的坝后泵站，出口黄池沟位于秦岭北麓的黑河金盆水库坝后下游，由越岭段和黄三段两部分组成。其主要的输水任务是将汉江干流的调水量与支流子午河的调水量输送至渭河的黄池沟，输水隧洞采用明流无压设计，隧洞长度为 98.3km，设计流量为 $70m^3/s$，设计远期多年平均输水量 15 亿 m^3。

（1）黄三段。黄三段的起点为黄金峡泵站的出水池处，出口位于三河口水利枢纽坝前 300m 处的控制闸。其主要任务是将汉江干流黄金峡水库泵站提升的调水量输送到隧洞控制闸处。隧洞全长 16.52km，设计多年平均输水量 9.6 亿 m^3。

（2）越岭段。越岭段的起点为输水隧洞控制闸，出口位于黄池沟。主要任务是将汉江上游的直供水量、三河口水库调蓄的汉江水以及三河口水库调节的本流域的水量自流输送至黄池沟。隧洞全长 81.78km。

2.2.2　调水区水库调度原则

引汉济渭工程主要有两个供水水源地：一是调水区水源地，主要为汉江流域的黄金峡水库和支流子午河上的三河口水库；二是受水区水源地，主要为黑河金盆水库等当地地表水和地下水。调水区水源地供水，依据水库调节能力的差异，以三河口水库为核心，联合黄金峡水库进行调度，调水目标的设定应遵循合理开发可利用水资源的原则，通过三河口水库的多年调节性能使得年际间调水量变幅最小，满足多年平均调水量的目标；受水区水源地的供水主要由黑河金盆水库等当地地表水和地下水的联合调配决定，依据需水要求以及引汉济渭工程供水量补充缺水。地下水主要补给年内不同时段的缺水量，黑河金盆水库等当地地表水主要补给年际间缺水量。

现状水平年的规划条件下，引汉济渭工程从调水区水源地调水时，三河口和黄金峡水库应遵循以下调度运行规则：在汉江来水量丰富的条件下黄金峡水利枢纽优先供水，控制闸处不足水量由三河口水库补充；在黄金峡水库供水的条件下，控制闸处若有余水，通过可逆式机组将多余的水量补入三河口水库调蓄。调水区水源网络节点图如图 2-2 所示。

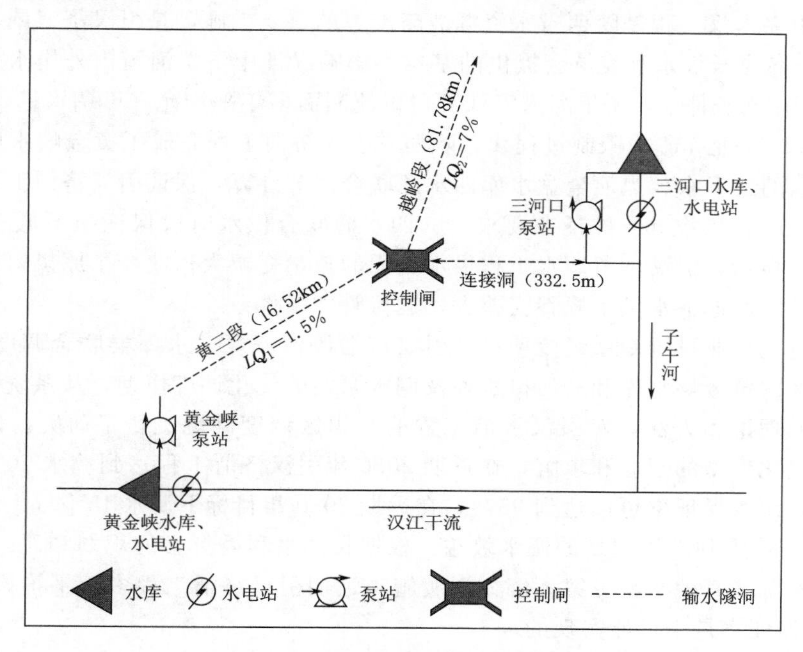

图 2-2　调水区水源网络节点图

2.3　引嘉济汉调水工程概况

2.3.1　引嘉济汉工程

陕西省引嘉入汉工程是在引汉济渭工程建设的大背景下提出，调水的主要任务是解决引汉济渭工程远期补充水源、优化引汉济渭工程供水流量过程、削减引汉济渭过程受水区地下水峰谷调节的变幅，满足供水保证率与最低供水度的要求，优化陕西省水资源配置，为省内黄河流域用水配额统筹调配创造条件，促进全省经济社会的可持续和谐发展。引嘉入汉工程初步拟定的调水断面在嘉陵江干流略阳断面附近，嘉陵江干流略阳断面附近取水点河床高程 615～630m，通过长约 30km 的隧洞自流到汉江干流北岸一级支流沮水河上的白河支流，落水点河床高程 605～620m。落水点位置高，可自流进入黄金峡水库。

根据嘉陵江流域综合治理规划，嘉陵江略阳断面多年平均径流量 34.2 亿 m^3，嘉陵江出省断面多年平均径流量约 90 亿 m^3，在充分考虑到下游生态流量和嘉陵江流域自身用水需求（水资源开发利用率应控制在 30%以内）的情况下，嘉陵江略阳断面可能调水

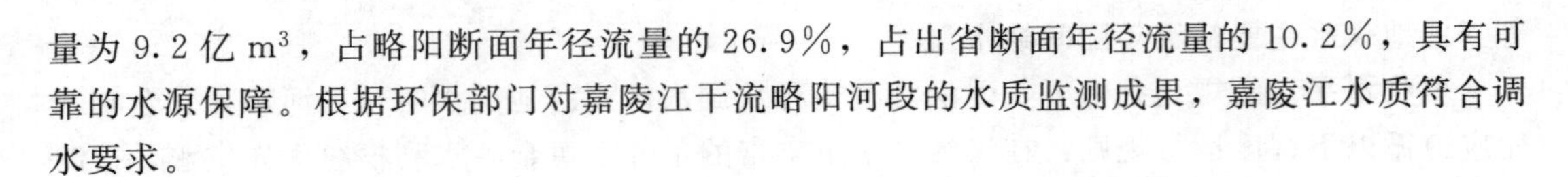

量为 9.2 亿 m^3，占略阳断面年径流量的 26.9%，占出省断面年径流量的 10.2%，具有可靠的水源保障。根据环保部门对嘉陵江干流略阳河段的水质监测成果，嘉陵江水质符合调水要求。

2.3.2　引嘉济汉新水源条件下水库联调的必要性

陕西省引嘉入汉工程是陕西省水资源战略配置的重要措施，是引汉济渭调水工程的补水水源工程。依据长江水利委员会提供的基本不影响汉江中下游河道内外用水及南水北调中线一期工程用水条件下，子午河入汉江河口干流断面多年平均允许可调水量 10.55 亿 m^3 的过程线和 15.56 亿 m^3 的限制过程线，陕西省引汉济渭工程完成了黄金峡水库、三河口水库与受水区的地下水、黑河金盆水库四水源联合调节计算，保证引汉济渭工程多年平均调水量 10 亿 m^3、15 亿 m^3 的任务要求，其四水源联合供水时段保证率不低于 95%。四水源联调结果显示，引汉济渭调水工程供水过程的流量变幅大；改变了原黑河水库的调度运行方式；受水区地下水供水峰谷变差大，运行管理条件差。

水利公益性行业科研专项经费项目“引汉济渭跨流域复杂水库群联合调度研究”，通过建立水源区的黄金峡水库和三河口水库及调水泵站的优化调度模型，从系统科学的角度应用最优化的理论和方法，对引汉济渭工程的水源区调度问题进行了研究。研究结果显示，通过对优化模型的建立和求解，在近期 2020 年引汉济渭工程达到调水 10 亿 m^3 的目标是合适的，调水保证率可以达到 95%；在远期 2030 年目标下调水 15 亿 m^3 的供水保证率只有 50%，达不到工程规划的调水效益。根据长江水利委员会的规划和研究结果表明，若长江补充水源或其他水源方案不能如期实施，远期引汉济渭工程多年平均调水量 15 亿 m^3，95%的保证率是不可能实现的。

考虑引嘉入汉新水源条件下的水源区水库调度，利用黄金峡水库和三河口水库的联合调节作用，在保证生态环境用水条件下可满足远期引汉济渭工程的调水需求。汉江在加入引嘉入汉的引水过程后，通过对引汉济渭汉江引水的限制过程“削峰填谷”作用后，引汉济渭工程的供水过程得到了优化，使供水过程相对均匀、稳定，便于引汉济渭工程系统稳定良性运行。同时，加大了汉江黄金峡断面的下泄水量，可有效补充汉江下游及国家南水北调中线工程的水量。

2.3.3　引嘉济汉新水源条件下的水库群调度原则

由于嘉陵江流域和汉江流域同处在秦岭南，河流丰枯基本同步，工程前期规划推荐的引嘉入汉工程的调水方案为径流式，无调蓄能力；主要依靠三河口水库的调蓄作用，且汉江干流的水不能自流入三河口水库。

根据嘉陵江略阳取水口的可调水量分析和引汉济渭工程现阶段的调度规则，初步确定在有引嘉入汉新水源条件下的引汉济渭调水工程调水原则如下。

（1）在嘉陵江略阳取水口调水时应充分考虑到当地的生产、生活用水，保证略阳取水口下游生态环境用水和调水相适应，在保证有足够的生态环境用水量的条件下尽可能多调水。

（2）在长江水利委员会允许的限制可调水量基础上，充分利用汉江的水供水，嘉陵江

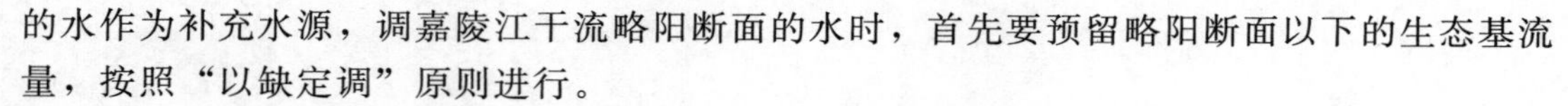

的水作为补充水源，调嘉陵江干流略阳断面的水时，首先要预留略阳断面以下的生态基流量，按照“以缺定调”原则进行。

(3) 引嘉入汉的水量是填充引汉济渭工程确定的供水过程不均的空间，使供关中受水区的水量相对均匀，满足供水保证率与供水度的要求。

(4) 引嘉入汉调水与引汉济渭工程联合供水，受制于已成的引汉济渭工程初设确定的工程规模。嘉陵江的调水要通过黄金峡的输水隧洞，输送到控制闸处完成调水。

2.4 本 章 小 结

引汉济渭工程是从陕西地区水资源相对较为丰沛的汉江流域调水进入严重缺水的渭河关中地区，以缓解渭河关中地区的水资源短缺问题；引嘉入汉工程是将嘉陵江水资源调水进入汉江流域，以实现引汉济渭工程的远期多年平均调 15 亿 m^3 水的目标。本章介绍了引汉济渭工程和引嘉入汉工程的研究区域概况、工程概况和水库调度原则等，论证了引嘉入汉新水源条件下水库联调的必要性，为后续章节建立优化调度模型提供了基础。

第3章　多水源径流特征及丰枯遭遇规律分析

3.1　径流特征分析方法

径流特征主要包括平均流量、C_v、C_s、均方差、周期性、趋势性、突变性、汛期和非汛期径流量占比等，是水文径流的主要特征。引汉济渭工程属于跨流域调水工程，涉及汉江流域丹江口以上流域和渭河流域，本节主要分析两个流域代表水文站及特征断面的径流特征。为此，本节主要介绍径流特征分析所采用的相关方法。

3.1.1　不均匀系数法

不均匀系数综合反映了入库径流年内分配的不均匀性，其计算公式如下：

$$C_v = \sqrt{\frac{1}{12}\sum_{i=1}^{12}(R_i - \overline{R})^2} / \overline{R} \tag{3.1}$$

式中：C_v 为不均匀系数，C_v 值越大表明年内各月径流量越集中，从而径流年内分配越不均匀；R_i 为年内各月径流量；$\overline{R}$ 为各月平均径流量。

3.1.2　极值比法

极值比反映了水库入库径流量最大值和最小值的倍比关系，显示了其不均匀程度，值越大则表示径流量的年际变化越不均匀。计算公式如下：

$$p = x_{\max} / x_{\min} \tag{3.2}$$

式中：$x_{\max}$和$x_{\min}$分别为水库入库径流的最大值和最小值。

3.1.3　累积距平法

累积距平能够直观判断出变化趋势，因此较为常用。对于径流序列，某一时刻的累积距平可表示为

$$A_t = \sum_{i=1}^{t}(x_i - \overline{x}), t = 1, 2, \cdots, n \tag{3.3}$$

计算各时段的累积距平并绘制出曲线进行趋势性分析。当距平累积持续增大时，表明该时段径流持续大于平均值，该时段为丰水时段；当距平累积持续减小时，表明该时段径流持续小于平均值，该时段为枯水时段；当距平累积持续不变时，表明为平水时段。

3.1.4　滑动平均法

滑动平均法是趋势拟合的基础方法，它是用序列的平滑值来表现变化趋势。对于样本

容量为 n 的时间序列，其滑动平均序列为

$$\overline{x}_J=\frac{1}{k}\sum_{i=1}^{k}x_{i+j-1},j=1,2,\cdots,n-k+1 \tag{3.4}$$

式中：k 为平滑长度。序列经过滑动平均后，小于滑动长度的周期将会大大削弱，独立性和自由度降低，显现出序列的变化趋势，本书取 $k=5$。

3.1.5 变窗口滑动平均法

变窗口滑动平均法是近年来发展起来的一个新的时间序列趋势检验方法，它可以更好地检验时间序列的季节性和年际性趋势。它以日时间尺度的径流时间序列为基础，通过连续的窗口变化来表现变化趋势。变窗口滑动平均法的计算矩阵为

$$\text{MASH}=\begin{bmatrix}\mu_{1,1} & \mu_{1,2} & \cdots & \mu_{1,N_h}\\ \mu_{2,1} & \mu_{2,2} & \cdots & \mu_{2,N_h}\\ \cdots & \cdots & \cdots & \cdots\\ \mu_{365,1} & \mu_{365,2} & \cdots & \mu_{365,N_h}\end{bmatrix} \tag{3.5}$$

式中：行向量为不同的滑动窗口计算得到的季节径流模式；$\mu_{t,h}$ 为第 h 个滑动窗口计算得到的 t 天平均径流量，计算公式为

$$\mu_{t,h}=\underset{y\in[h,h+Y-1]}{\text{mean}}\left[\underset{d\in[t-w,t+w]}{\text{mean}}x_{d,y}\right] \tag{3.6}$$

式中：$x_{d,y}$ 为径流时间序列在相应时刻的径流量大小；w 为天数；Y 为滑动窗口的尺度；滑动窗口数为 $N_h=N_y-Y+1$，其中 N_y 为时间序列的所有年份数。

3.1.6 MK 趋势检验法

作为在水文研究中进行趋势检验的非参数统计方法，由 Mann 和 Kendall 提出的 Mann - Kendall（简称“MK”）检验法较为常用，其计算公式如下：

假定 X_1，X_2，…，X_n 为时间序列长度，定义统计量 S：

$$S=\sum_{j=1}^{n-i}\sum_{k=j+1}^{n}sgn(x_k-x_j) \tag{3.7}$$

其中

$$sgn(x_k-x_j)=\begin{cases}1,x_k-x_j>0\\0,x_k-x_j=0\\-1,x_k-x_j<0\end{cases} \tag{3.8}$$

式中：x_k、x_j 分别为 k、j 年的相应测量值，且 $k>j$。

$$Z=\begin{cases}\dfrac{S-1}{\sqrt{\text{var}(S)}},S>0\\0,S=0\\\dfrac{S+1}{\sqrt{\text{var}(S)}},S<0\end{cases} \tag{3.9}$$

$$\text{var}(S)=\frac{n(n-1)(2n+5)}{18} \tag{3.10}$$

式中：Z 为正态分布的统计量；var(S) 为方差。当统计变量 $Z>0$ 时，表示时间序列有上升趋势；当 $Z<0$，表示序列有下降趋势。在给定 α 的置信水平时（本书取 $\alpha=0.05$），如果 $|Z|>Z_{1-\alpha/2}$，则表明时间序列存在显著的上升或下降趋势。

3.1.7　经典重标极差法

R/S 法最早由英国科学家 H. E. Hurst 提出。本书通过计算 Hurst 指数判断水库入库径流序列的持续性。R/S 法的计算步骤如下。

假定 $\{\xi(t)\}, t=1,2,\cdots,n$ 为一个完整的时间序列，τ 为任意大于等于 1 的正整数，定义下列统计量：

均值序列：
$$(\xi)_\tau=\frac{1}{\tau}\sum_{t=1}^{\tau}\xi(t),\tau=1,2,\cdots,n \tag{3.11}$$

累计离差：
$$x(t,\tau)=\sum_{u=1}^{t}[\xi(u)-(\xi)_\tau],1\leqslant t\leqslant\tau \tag{3.12}$$

极差：
$$R(\tau)=\max_{1\leqslant t\leqslant\tau}x(t,\tau)-\min_{1\leqslant t\leqslant\tau}x(t,\tau),\tau=1,2,\cdots,n \tag{3.13}$$

标准差：
$$S(\tau)=\left\{\frac{1}{\tau}\sum_{t=1}^{\tau}[\xi(t)-(\xi)_\tau]^2\right\}^{1/2},\tau=1,2,\cdots,n \tag{3.14}$$

各种研究表明比值 $R(\tau)/S(\tau)=R/S$ 存在如下关系：

假定 X_1，X_2，…，X_n 为时间序列长度，定义统计量 S：

$$S=\sum_{j=1}^{n-i}\sum_{k=j+1}^{n}sgn(x_k-x_j) \tag{3.15}$$

其中
$$sgn(x_k-x_j)=\begin{cases}1,x_k-x_j>0\\0,x_k-x_j=0\\-1,x_k-x_j<0\end{cases} \tag{3.16}$$

式中：x_k、x_j 分别为 k、j 年的相应测量值，且 $k>j$。

$$Z=\begin{cases}\dfrac{S-1}{\sqrt{\mathrm{var}(S)}},S>0\\0,S=0\\\dfrac{S+1}{\sqrt{\mathrm{var}(S)}},S<0\end{cases} \tag{3.17}$$

$$\mathrm{var}(S)=\frac{n(n-1)(2n+5)}{18} \tag{3.18}$$

式中：Z 为正态分布的统计量；var(S) 为方差。当统计变量 $Z>0$ 时，表示时间序列有上升趋势；当 $Z<0$，表示序列有下降趋势。在给定 α 的置信水平时（本书取 $\alpha=0.05$），如果 $|Z|>Z_{1-\alpha/2}$，则表明时间序列存在显著的上升或下降趋势。

$$R/S\propto\tau^H \tag{3.19}$$

H 为 Hurst 指数，表达式为

$$\ln\left(\frac{R}{S}\right)=H\ln\tau \tag{3.20}$$

H 值是根据求得的（τ，R/S）值，在双对数坐标系（$\ln\tau$，$\ln R/S$）中利用最小二乘法拟合得到的。Hurst 指数存在以下 3 种情况：

（1）$H=0.5$ 时，表示径流序列为独立的随机变化，为一般的布朗运动。

（2）$0.5<H<1$ 时，表示径流序列未来的变化与之前的变化趋势一致，具有正的持续性，H 越接近于 1，说明持续性趋势越强。

（3）$0<H<0.5$ 时，表示径流序列未来的变化趋势与之前的相反，即具有反持续性，H 越接近于 0，反持续性趋势越强。

3.1.8 有序聚类法

有序聚类法通过有序分类来寻求序列最优分割点 τ，使得同类之间的离差平方和较小，不同类之间的离差平方和较大。设水库入库径流序列（x_1，x_2，…，x_n）可能存在的分割点为 τ，则分割点前后的离差平方和可表示为

$$V_\tau=\sum_{i=1}^{\tau}(x_i-\overline{x}_\tau)^2 \tag{3.21}$$

$$V_{n-\tau}=\sum_{i=\tau+1}^{n}(x_i-\overline{x}_{n-\tau})^2 \tag{3.22}$$

式中：$\overline{x}_\tau$、$\overline{x}_{n-\tau}$ 分别代表分割点前后径流序列的均值。

总离差平方和为

$$S_n(\tau)=V_\tau+V_{n-\tau} \tag{3.23}$$

当 $S=\min\sum\limits_{2\leqslant\tau\leqslant n-1}\{S_n(\tau)\}$ 时，认为最优分割点为 τ，最有分割点也就是最可能的变异点。

3.1.9 MK 检验法

当某一径流序列具有 r_i 个样本量时，可构造序列：

$$S_k=\sum_{i=1}^{k}r_i \quad (k=1,2,\cdots,n) \tag{3.24}$$

其中：$x_i>x_j$，$r_i=1$；$x_i\leqslant x_j$，$r_i=0$，$(j=1,2,\cdots,i)$。

式中：序列 S_k 成为秩序列，指第 i 时刻值大于第 j 时刻值的个数累计数，r_i 表示第 i 个样本 $x_i>x_j$（$1\leqslant j\leqslant i$）的累计数。

当径流序列随机独立时，可以定义统计量：

$$UF_k=\frac{S_k-E(S_k)}{\sqrt{\mathrm{var}(S_k)}}(k=1,2,\cdots,n) \tag{3.25}$$

式中：UF_k 指标准正态分布；$E(S_k)$、$\mathrm{var}(S_k)$ 分别为 S_k 的均值和方差。当 x_1，x_2，…，x_n 相互独立且有相同的连续分布时，可由式（3.26）计算：

$$\mathrm{var}(S_k)=\frac{n(n-1)(2n+5)}{72},\quad E(S_k)=\frac{n(n-1)}{4} \tag{3.26}$$

给定置信度 α，通过查标准正态分布表，如果 $|UF_k|>U_{\alpha/2}$，则认为径流时间序列存在着明显的趋势性变化。

将径流时间序列 x 按其逆序 x_n，x_{n-1}，…，x_1 重新排列，然后重复上述的计算过程，同时使径流序列的逆序值 $UB_k=UF_k$（$k=n,n-1,\cdots,1$），$UB_1=0$，通过分析比较 UF_k 与 UB_k 曲线可进一步分析径流时间序列 x 的变化趋势，同时还可以判断径流序列的变异点。如果 $UF_k>0$，表示径流序列有上升的趋势；如果 $UF_k<0$，则认为径流序列有下降的趋势；如果 UF_k 曲线超过了临界线，则认为之前的上升或下降趋势比较显著；如果 UF_k 和 UB_k 两条曲线在上下临界值之间出现了交点，则认为该交点就是变异时间点。

3.1.10　Morlet小波分析法

（1）小波函数。小波函数是小波分析法的关键，因为小波分析法的基本原理是用一簇小波函数系来逼近某一函数。小波函数具有很强震荡性，它能够在很短的时间内迅速衰减到零。小波函数 $\psi(t)\in L^2(R)$ 满足：

$$\int_{-\infty}^{+\infty}\psi(t)\mathrm{d}t=0 \tag{3.27}$$

式中：$\psi(t)$ 为基小波函数，其可通过尺度的伸缩和时间轴上的平移构成一簇函数系：

$$\psi_{a,b}(t)=|a|^{-1/2}\psi\left(\frac{t-b}{a}\right),\quad 其中,a,b\in R,a\neq 0 \tag{3.28}$$

式中：$\psi_{a,b}(t)$ 为子小波；a 为尺度因子，反映小波的周期长度；b 为平移因子，反映时间上的平移。

基小波函数选取是否合理是进行小波分析的关键。在实际应用中，同一径流时间序列，所选基小波函数的不同，结果将会有很大的差异。目前，通过对比分析理论结果与实测结果的误差来检测基小波函数的好坏，最终选取出适合研究所需要的基小波函数。

（2）小波变换。若 $\psi_{a,b}(t)$ 是由式（3.23）选取的子小波函数，则对于给定的有限信号 $f(t)\in L^2(R)$，可得出其连续小波变换（简写为CWT）为

$$W_f(a,b)=|a|^{-1/2}\int_R f(t)\,\overline{\psi}\left(\frac{t-b}{a}\right)\mathrm{d}t \tag{3.29}$$

式中：$W_f(a,b)$ 为小波的变换系数；$f(t)$ 为某一平方可积函数；a 为其伸缩尺度；b 为其平移参数；$\overline{\psi}\left(\frac{t-b}{a}\right)$ 为 $\psi\left(\frac{t-b}{a}\right)$ 的复共轭函数。地学中观测到的时间序列数据大多是离散的，设函数 $f(k\Delta t)$，($k=1,2,\cdots,N$；Δt 为取样的间隔)，则式（2.29）对应的离散型小波变换形式为

$$W_f(a,b)=|a|^{-1/2}\Delta t\sum_{k=1}^{N}f(k\Delta t)\,\overline{\psi}\left(\frac{k\Delta t-b}{a}\right) \tag{3.30}$$

由式（2.27）或式（2.28）可看出小波分析的基本原理是通过增减伸缩尺度来得到信号的高频或低频信息，然后分析信号的概貌或细节，实现对信号不同时间尺度和空间局部特征的分析。

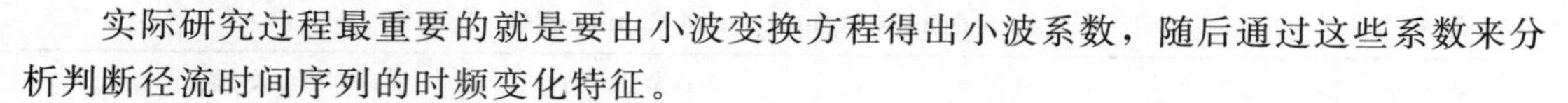

实际研究过程最重要的就是要由小波变换方程得出小波系数，随后通过这些系数来分析判断径流时间序列的时频变化特征。

(3) 小波方差。将小波系数的平方值在 b 域上积分，便可得到小波方差，计算式为

$$\mathrm{var}(a)=\int_{-\infty}^{\infty}|W_f(a,b)|^2\mathrm{d}b \tag{3.31}$$

小波方差图显示了小波方差随伸缩尺度的变化过程。由式 (3.29) 可知，它能反映信号波动的能量随尺度 a 的分布。因此，小波方差图可用来确定信号中不同种尺度扰动的相对强度和存在的主要时间尺度，即主周期。

3.2 丰枯遭遇分析方法

传统的水文事件遭遇主要通过实测资料建立变量间的关系进行分析，或者通过典型年法分析各流域来水量之间的关系，亦可根据经验粗略估计遭遇概率。上述方法只能基于现有资料进行粗略估算，且不具备外延能力。不同水文区的丰枯遭遇本质上属于多变量联合概率和条件概率的问题。

目前，多变量水文分析方法主要有多元正态分布法、特定边缘分布构成的联合分布法、非参数法、多维转一维法、经验频率法等，但各法均存在各自的局限性。Copula 函数克服了传统方法的缺点，将联合分布分为边缘分布和相关性结构两部分分别处理，可以采用任意的边缘分布，可以描述变量间非线性、非对称的相关关系，具有很大的灵活性和适应性。近年来，Copula 函数广泛应用于暴雨、洪水、干旱的多特征属性频率分析、雨洪遭遇以及洪水遭遇等问题。

Copula 理论是由 Sklar 于 1959 年提出的。他指出，可以将任意一个 n 维联合累积分布函数分解为 n 个边缘累积分布和一个 Copula 函数。边缘分布描述的是变量的分布，Copula 函数描述的是变量之间的相关性，它实际上是一类将变量联合累积分布函数连接起来的函数，因此也有人称其为“连接函数”。

本节选取 Copula 函数对有引嘉入汉新水源的引汉济渭调水区、受水区以及调水区与受水区之间的径流来水进行丰枯遭遇分析，阐明丰枯遭遇分析对跨流域调水的影响和重要性，为后续引汉济渭调水区与受水区水库群和泵站的联合调度提供借鉴和参考。

3.2.1 Copula 函数简介

Copula 联合分布函数的基本形式如下：

设 X、Y 为连续的随机变量，X 和 Y 的联合分布函数具有连续的边缘分布函数 F_X 和 F_Y，那么存在唯一的 Copula 函数 C 满足：

$$F(x,y)=C_\theta[F_X(x),F_Y(y)] \quad \forall x,y \tag{3.32}$$

式中：$C_\theta(u,v)$ 为 Copula 函数；θ 为 Copula 待定的参数。

Copula 函数总体上可以分为 3 类：椭圆型、二次型和 Archimedean 型。通常在水文领域的分析中 Archimedean 型 Copula 函数应用最为广泛，3 种常用的 Archimedean 型 Copula 函数的表达式及其参数之间的关系见表 3-1。

表 3-1　　3 种常用的 Archimedean 型 Copula 函数

函数名称	Copula 函数	参数范围	与 θ 的关系
Clayton	$(u^{-\theta}+v^{-\theta})^{-\frac{1}{\theta}}$	$\theta>0$	$\tau=\frac{\theta}{\theta+1}$
Frank	$-\frac{1}{\theta}\ln\left[1+\frac{(e^{-\theta u}-1)(e^{-\theta v}-1)}{e^{-\theta}-1}\right]$	$\theta>0$	$\tau=1-\frac{1}{\theta}\left[1-\frac{1}{\theta}\int_0^{\theta}\frac{t}{\exp(t)-1}dt\right]$
Gumbel - Hougaard	$\exp\{-[(-\ln u)^{\theta}+(-\ln v)^{\theta}]^{\frac{1}{\theta}}\}$	$\theta\geqslant1$	$\tau=1-\frac{1}{\theta}$

对于 n 维 Archimedean Copula，可由二维 Archimedean Copula 函数通过 $n-1$ 重嵌套而得到的，如三维非对称型 Archimedean Copula 表达式为

$$C(u,v,w)=C_1[w,C_2(u,v)] \tag{3.33}$$

以下是几种常见的三维 Copula 函数的表达式：

Gumbel - Hougaard（GH）Copula

$$C(u_1,u_2,u_3)=\exp\{-([(-\ln u_1)^{\theta_2}+(-\ln u_2)^{\theta_2}]^{\theta_1/\theta_2}+(-\ln u_3)^{\theta_1})^{1/\theta_1}\}$$
$$\theta_2\geqslant\theta_1\in[1,+\infty) \tag{3.34}$$

Clayton Copula

$$C(u_1,u_2,u_3)=[(u_1^{-\theta_2}+u_2^{-\theta_2}-1)^{\theta_1/\theta_2}+u_3^{-\theta_1}-1]^{-1/\theta_1}\quad \theta_2\geqslant\theta_1\in[0,+\infty) \tag{3.35}$$

Frank Copula

$$C(u_1,u_2,u_3)=-\theta^{-1}\ln[1-(1-e^{-\theta})^{-2}(1-e^{-\theta u_1})(1-e^{-\theta u_2})(1-e^{-\theta u_3})]$$
$$\theta\in(0,+\infty) \tag{3.36}$$

3.2.2　Copula 函数构造

1. 确定边缘分布函数

目前，在我国的水文统计上，最常用的分布函数为皮尔逊Ⅲ型（P-Ⅲ）分布。为了最佳的拟合效果，本节除 P-Ⅲ外，还选取了在国际上应用较为广泛的广义极值（GEV）分布和对数（LOGN）正态分布对变量进行拟合。

P-Ⅲ型曲线是一端有限一端无限的不对称的单峰曲线，在数学上称为 Γ 分布，它的概率密度函数见式（3.37）：

$$f(x)=\frac{\beta^{\alpha}}{\Gamma(\alpha)}(x-a_0)^{\alpha-1}e^{-\beta(x-a_0)} \tag{3.37}$$

它的累计分布函数如下：

$$F(x)=P(x\geqslant x_p)=\frac{\beta^{\alpha}}{\Gamma(\alpha)}\int_{x_p}^{\infty}(x-a_0)^{\alpha-1}e^{-\beta(x-a_0)}dx \tag{3.38}$$

式中：$\Gamma(\alpha)$ 表示 α 的伽玛函数；α、β、a_0 分别为 P-Ⅲ型分布的形状参数、尺度参数和位置参数，且 $\alpha>0$，$\beta>0$。当 α、β、a_0 确定后，P-Ⅲ型密度函数也就唯一确定，并且这三个参数与总体的均值 $\overline{x}$、变差系数 C_v、偏态系数 C_s 的关系见式（3.39）：

$$\alpha=\frac{4}{C_s^2},\beta=\frac{2}{\overline{x}C_vC_s},a_0=\overline{x}\left(1-\frac{2C_v}{C_s}\right) \tag{3.39}$$

Jenkison 与 Coles 根据极值分布的理论，证明当极值的渐近分布存在而且为非退化时，可以将 Gumbel、Frechet 和 Weibull 这三种类型的经典极值分布发展为一种统一的、具有三个参数的极值分布函数——广义极值分布。

设 X_1，X_2，…，X_m 是服从 GEV 分布的独立随机变量，则其分布函数 F_X 见式（3.40）：

$$F_X(x)=P(X\leqslant x)=\begin{cases}\exp\left\{-\left[1-\xi\left(\dfrac{x-\mu}{\sigma}\right)\right]^{1/\xi}\right\},\xi\neq 0\\ \exp\left\{-\exp\left[-\left(\dfrac{x-\mu}{\sigma}\right)\right]\right\},\xi=0\end{cases} \tag{3.40}$$

式中：μ、σ、ξ 分别为位置参数、尺度参数和形状参数。当 $\xi<0$，为 Frechet 分布；当 $\xi>0$ 时，为 Weibull 分布；当 $\xi\to 0$ 时，为 Gumbel 分布。

如果随机变量取对数后服从正态分布，那么该随机变量就服从对数正态分布。对数正态分布的密度函数见式（3.41）：

$$f(x)=\frac{1}{(x-c)\sigma\sqrt{2\pi}}\mathrm{e}^{-\frac{[\ln(x-c)-\mu]2}{2\sigma^2}},\quad 0\leqslant c<x<+\infty \tag{3.41}$$

随机变量的理论分布是否能够代表总体的分布，需要进行假设检验，然后再对其进行拟合优度评价。首先，本书采用 KS 检验来检查边缘分布的可行性；然后，采用均方根误差（RMSE）法来评价边缘分布拟合的好坏；最终，采用 AIC 信息准则确定出最优的边缘分布。

假设有样本 X，大小为 n，则其经验分布公式为

$$F_n(x_i)=\frac{m_i-1}{n} \tag{3.42}$$

其中 m_i 是 $X\leqslant x_i$ 的个数。检验原假设：样本 X 服从理论分布 $F(x)$，那么 KS 统计量

$$D=\sup_x|Fn(x)-F(x)|=\max_i\{|F(x_i-F_n(x_i)|,|F(x_i)-F_n(x_{i+1})|\} \tag{3.43}$$

比较 D 与临界值 D_c，如果 $D>D_c$，那么拒绝原假设，认为样本 X 不服从理论分布；否则认为服从理论分布。

RMSE 的计算公式为

$$\mathrm{RMSE}=\sqrt{\frac{1}{n}\sum_{i=1}^{n}(\hat{x}_i-x_i)^2} \tag{3.44}$$

式中：x_i 和 $\hat{x}_i$ 分别为经验频率和理论频率；n 为样本大小。RMSE 越小，说明经验频率与理论频率越接近，拟合效果就越好。

AIC 信息准则是由 Akaike 提出的，它包括两个部分：模型的偏差以及模型的参数个数导致的不稳定性。AIC 的计算方式见公式（3.45）和式（3.46）：

$$\mathrm{MSE}=\frac{1}{n}\sum_{i=1}^{n}(\hat{x}_i-x_i)^2 \tag{3.45}$$

$$\mathrm{AIC}=n\ln(\mathrm{MSE})+2m \tag{3.46}$$

式中：m 为分布函数参数的个数。AIC 的值越小，说明分布函数的拟合效果越好。

2. Copula 函数的参数估计

Copula 函数的参数估计方法包括矩法估计、核估计法、非参数估计法、极大似然估

计法等。其中随机变量的边缘分布一般采用极大似然估计和矩法估计，而Copula函数的估计通常采用非参数估计法、适线法和极大似然法。表3-1中的为Kendall秩相关系数，计算公式为

$$\tau=(C_n^2)^{-1}\sum_{i<j}\operatorname{sign}[(x_i-x_j)(y_i-y_j)] \tag{3.47}$$

式中：sign为符号函数，其表达式为

$$\operatorname{sign}=\begin{cases}1,(x_i-x_j)(y_i-y_j)>0\\-1,(x_i-x_j)(y_i-y_j)<0\\0,(x_i-x_j)(y_i-y_j)=0\end{cases} \tag{3.48}$$

3. 选取合适的Copula函数，建立联合分布函数

在估计完各种Copula函数的参数之后，需要进一步进行拟合优度的评价，以选择最合适的Copula函数来描述变量之间的相关结构。常用的用于Copula函数拟合优度评价的方法有离差平方和准则法（OLS）和AIC信息准则法。

OLS的计算公式为

$$\mathrm{OLS}=\sqrt{\frac{1}{n}\sum_{i=1}^{n}[F_{\mathrm{emp}}(x_{i1},x_{i2},\cdots,x_{im})-C(u_{i1},u_{i2},\cdots,u_{im})]^2} \tag{3.49}$$

式中：$F_{\mathrm{emp}}(x_{i1},x_{i2},\cdots,x_{im})$、$C(u_{i1},u_{i2},\cdots,u_{im})$ 分别为样本的经验频率和理论频率值；m 为模型维数；n 为观测样本的个数。OLS值越小，表明模型的拟合效果越好。

3.3 径流特征分析

径流特征分析采用嘉陵江略阳水文站1954—2009年的逐月来水径流资料，黄金峡水库与三河口水库1954—2009年的逐月入库径流资料（数据均由陕西省引汉济渭公司提供）进行分析，见图3-1。

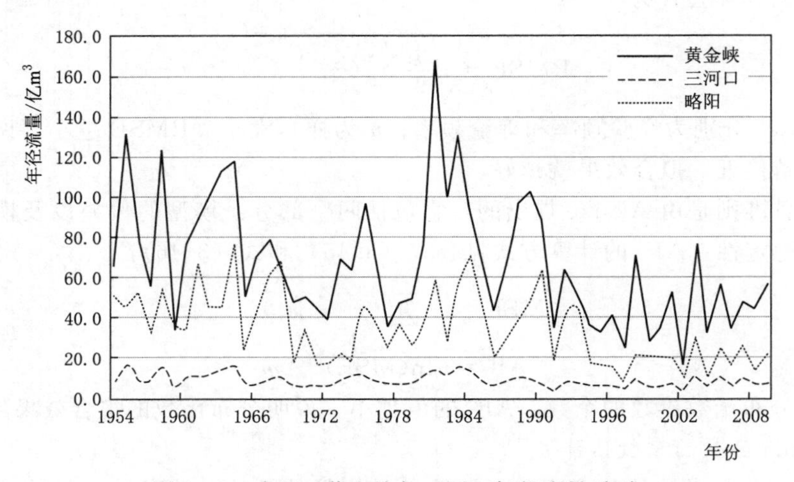

图3-1 略阳、黄金峡与三河口年径流量系列

3.3.1 年内变化

通过计算各水文站的多年平均月径流量分析径流的年内变化情况，见图 3-2。

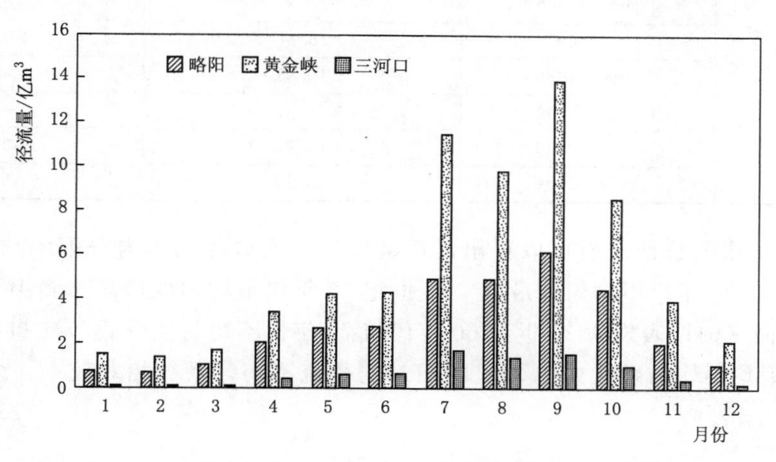

图 3-2 略阳、黄金峡与三河口多年平均月径流量年内分配过程

由图 3-2 可以看出，黄金峡与三河口径流年内分配规律大体相似，均在 7—10 月存在明显的夏汛过程。径流的年内分配极不均匀，汛枯期界限分明，径流量主要集中在 7—10 月，黄金峡汛期四个月的径流占全年径流的 66%，三河口汛期四个月的径流占全年径流的 59%，略阳站汛期四个月的径流占全年径流的 61%。略阳、黄金峡径流量最大月均为 9 月，而三河口为 7 月。

根据黄金峡、三河口和略阳 1954—2009 年的月径流资料，计算得出径流年内分配统计特征，见表 3-2。

表 3-2　径流年内分配统计特征

水文站	统计年份	多年平均径流量/亿 m^3	不均匀系数 C_v
黄金峡	1954—1959	81.60	1.39
	1960—1969	81.60	1.20
	1970—1979	55.92	1.24
	1980—1989	93.84	1.26
	1990—1999	47.64	1.14
	2000—2009	45.60	1.21
	1954—2009	66.72	1.29
三河口	1954—1959	10.44	1.42
	1960—1969	10.20	1.28
	1970—1979	7.44	1.28
	1980—1989	10.92	1.35
	1990—1999	6.48	1.35
	2000—2009	7.32	1.42
	1954—2009	8.64	1.36

续表

水文站	统计年份	多年平均径流量/亿 m^3	不均匀系数 C_v
略阳站	1956—1959	43.92	0.25
	1960—1969	47.87	0.43
	1970—1979	28.21	0.37
	1980—1989	42.83	0.37
	1990—1999	27.01	0.66
	2000—2009	19.22	0.34
	1954—2009	33.83	0.53

对表 3－2 中的数据分析可以得出，黄金峡与三河口径流年内分配不均匀系数较大，黄金峡 20 世纪 90 年代不均匀性最低，20 世纪 50 年代不均匀性最高。多年平均不均匀系数为 1.29。而三河口表现为 20 世纪 60 年代与 70 年代不均匀性最低，21 世纪初不均匀性最高，多年平均不均匀系数为 1.36。略阳站的径流不均匀系数相对较小，多年的平均不均匀系数为 0.53。

3.3.2　年际变化

针对略阳站、黄金峡水库和三河口水库逐年径流量数据，采用上述分析方法，得到黄金峡水库、三河口水库和略阳站年径流距平累积曲线图（见图 3－3），黄金峡水库、三河口水库和略阳站的年径流量进行统计分析成果（见表 3－3）。

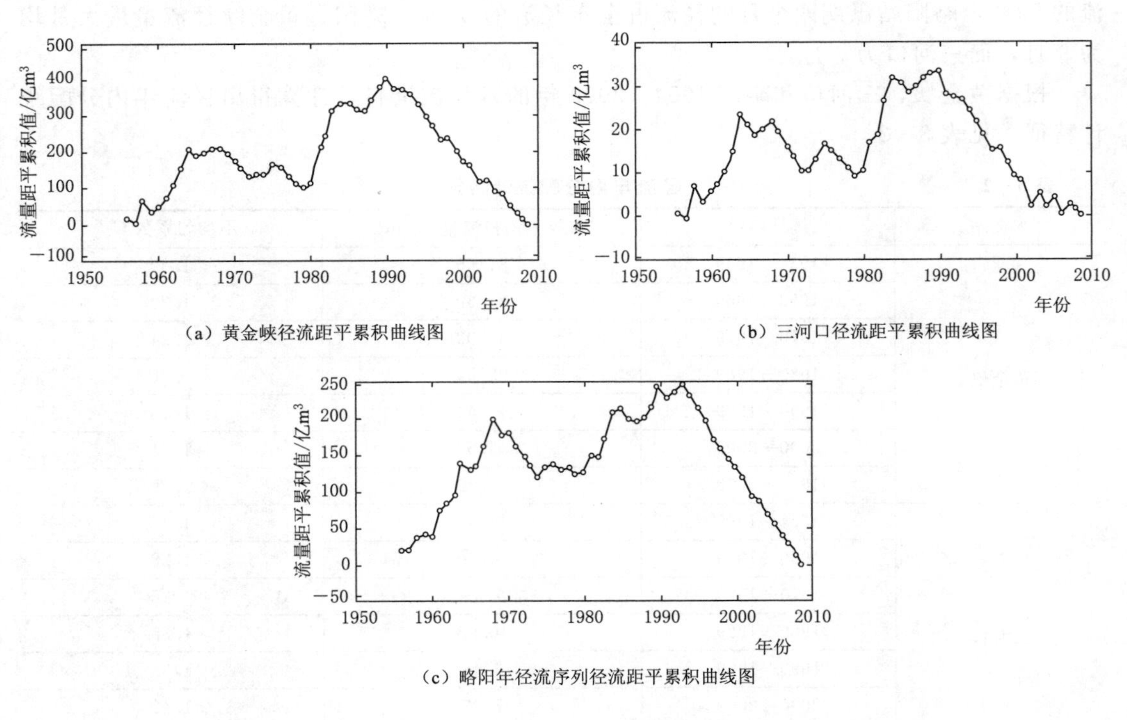

（a）黄金峡径流距平累积曲线图

（b）三河口径流距平累积曲线图

（c）略阳年径流序列径流距平累积曲线图

图 3－3　年径流距平累积曲线图

表 3-3　　径流年际变化统计特征值

站名	多年平均/亿 m³	最大值		最小值		极值比 P
		值/亿 m³	年份	值/亿 m³	年份	
黄金峡	65.51	168.74	1981	15.36	2002	10.98
三河口	8.52	16.62	1964	2.44	2002	6.8
略阳站	33.83	77.33	1964	8.57	1997	9.02

从图 3-3 可知，黄金峡水库、三河口水库入库径流和略阳站径流年际变化较大，入库径流距平累积均有四个明显的变化阶段：1956—1964 年和 1980—1990 年径流量均表现出逐时段递增的趋势，为丰水时段；1964—1980 年和 1990—2009 年径流量均表现出逐时段递减的趋势，为枯水时段。

从表 3-3 中可以看出，略阳站的多年平均径流量为 33.83 亿 m³，极值比为 9.02；黄金峡水库入库多年平均径流量为 65.51 亿 m³，极值比为 10.98；三河口水库入库多年平均径流量为 8.52 亿 m³，极值比为 6.80。说明黄金峡水库径流年际变化相比三河口水库大，同时比略阳的年际变化也要大，三河口的年际变化最小。各水库径流量最大值出现的年份不统一，而最小值出现年份均为 2002 年。

3.3.3　代际分布

黄金峡水库、三河口水库和略阳站的径流量的代际分布见图 3-4。

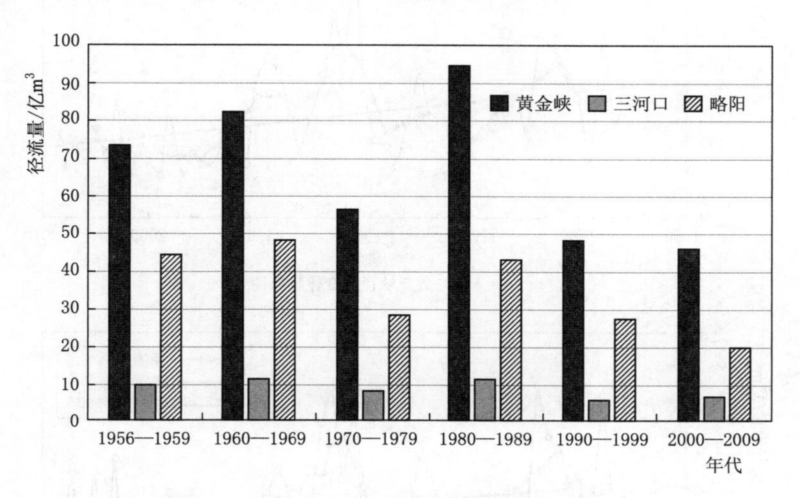

图 3-4　1956—2009 年径流量的代际分布图

从表 3-4 可以看出，20 世纪 80 年代的代际平均径流量要普遍高于其他年代。黄金峡水库和三河口水库 20 世纪 80 年代径流量相比多年平均值分别增加了 43.17%和 28.65%，增加幅度最大。黄金峡水库在 2000 年后径流量相比多年平均值减小了 30.39%，减小幅度最大。三河口水库在 90 年代径流量相比多年平均值减小了 24.28%，减小幅度最大。两水库入库径流量除在 80 年代有急剧增加的变化外，相对多年平均径流，随着时间的推移整体呈现出减少的趋势。

表 3-4　　径流代际变化率（与多年平均径流相比）　　%

年　份	黄金峡	三河口	略阳站
1954—1959	11.19	9.47	29.82
1960—1969	24.53	18.97	41.49
1970—1979	−14.56	−12.71	−16.63
1980—1989	43.17	28.65	26.58
1990—1999	−27.23	−24.28	−20.17
2000—2009	−30.39	−14.41	−43.2

略阳站在 20 世纪 60 年代径流量相比多年平均增加了 41.49%，增加幅度比较显著。在 2000 年后减少了 43.2%，减小幅度最大，且整体呈现显著减小的趋势。

3.3.4　变化趋势

根据黄金峡水库、三河口水库和略阳站年径流资料，绘制了年径流量随时间变化的趋势图，如图 3-5 所示。

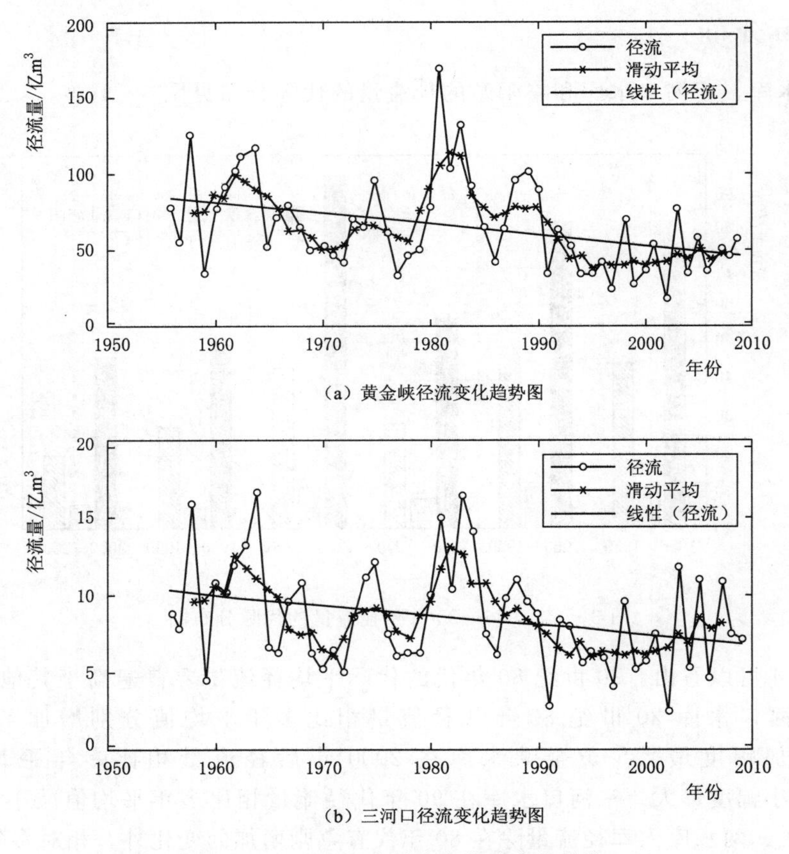

(a) 黄金峡径流变化趋势图

(b) 三河口径流变化趋势图

图 3-5（一）　三个站点年径流变化趋势

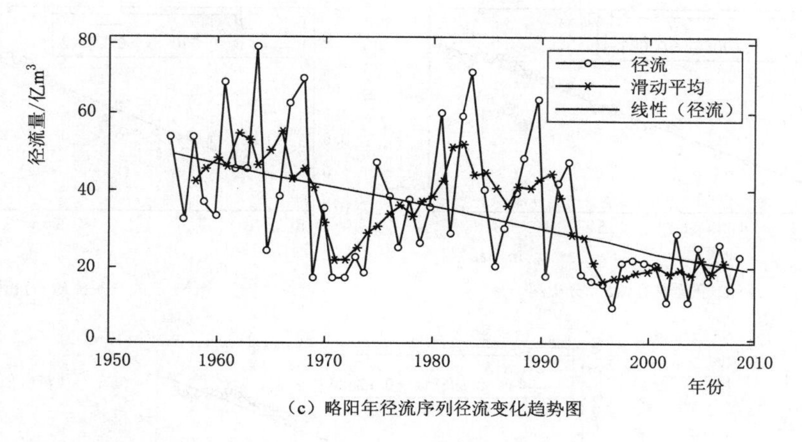

（c）略阳年径流序列径流变化趋势图

图 3-5（二） 三个站点年径流变化趋势

由图 3-5 可以看出，汉江流域两个站点的年径流均呈下降趋势，其中黄金峡的入库径流量 54 年间共减少 27.1 亿 m^3（2001—2009 年均相比 1956—1960 年均），平均下降速率为 5.42 亿 $m^3/10a$，三河口的入库径流量 54 年间共减少 2.3 亿 m^3（2001—2009 年均相比 1956—1960 年均），平均下降速率为 0.46 亿 $m^3/10a$。

嘉陵江流域略阳站年径流也呈现出波动下降的趋势，径流量在 54 年间共减少了 24.7 亿 m^3（2001—2009 年均相比 1956—1960 年均），平均下降速率为 4.94 亿 $m^3/10a$。

采用 Mann-Kendall 法及经典重标极差法（R/S 分析法）对略阳站、黄金峡水库和三河口水库的入库径流资料进行趋势性、持续性分析，结果见表 3-5 和图 3-6。M-K 检验结果显示：略阳站、黄金峡水库和三河口水库径流量的 Z 值均为负，且其绝对值均大于 1.96，说明嘉陵江略阳和汉江流域上这两水库均呈显著性减少趋势。由 Hurst 指数值知，各站点径流 Hurst 值均大于 0.5，正持续性强，即时间序列具有持续性，说明在未来一段时间内略阳站、黄金峡水库和三河口水库的入库径流将保持减少的趋势。

表 3-5　　径流量趋势性及持续性检验结果

站点	Z	与 $Z_{\alpha/2}=1.96$ 比较	判别结果	Hurst 指数值	持续性
黄金峡	−3.13	>	显著递减	0.79	正
三河口	−2.11	>	显著递减	0.73	正
略阳站	−3.46	>	显著递减	0.73	正

根据略阳 1956—2009 年日径流资料，采用变窗口滑动平均法绘制了日径流量随时间的变化的趋势图，如图 3-7 所示。

从图 3-7 可以看出，略阳站的日径流过程呈现出较显著的下降趋势，从 1956 年到 2009 年持续减少，且大流量过程（径流量大于 $500m^3/s$）在 20 世纪 90 年代基本消失，汛期的径流量持续降低，导致汛期缩短，径流在枯水期基本保持不变。同时，略阳站径流的年内分配过程基本保持不变，径流极值比显著降低。

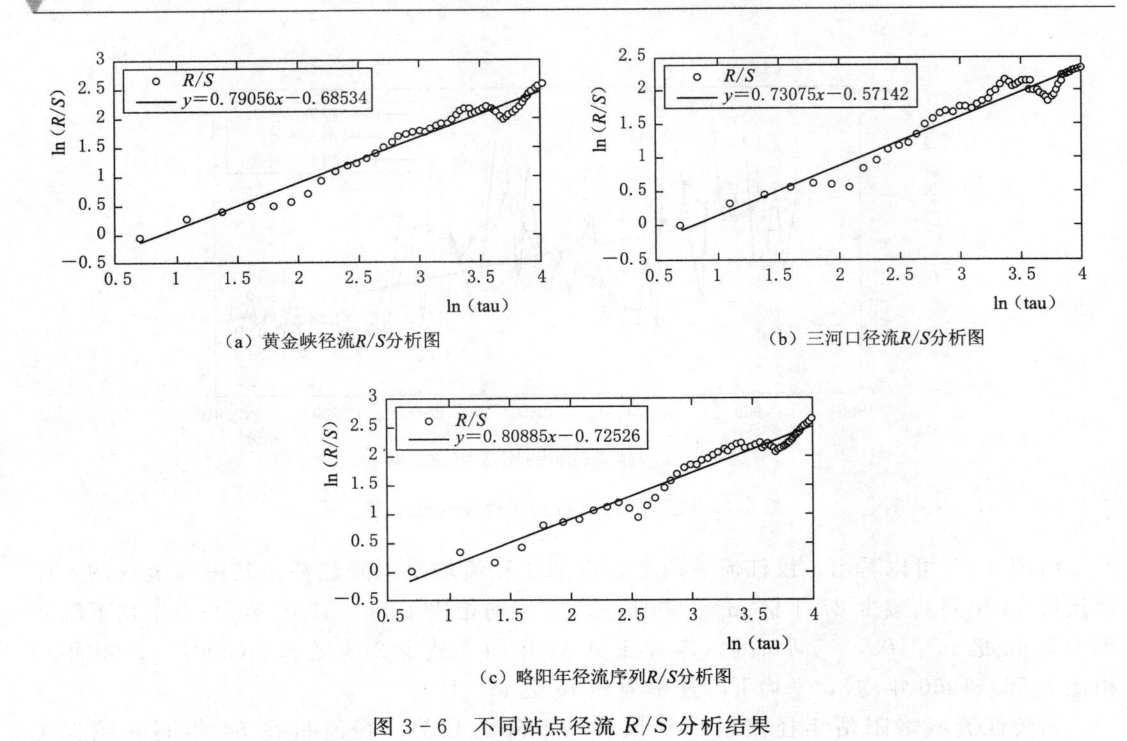

(a) 黄金峡径流R/S分析图

(b) 三河口径流R/S分析图

(c) 略阳年径流序列R/S分析图

图 3-6　不同站点径流 R/S 分析结果

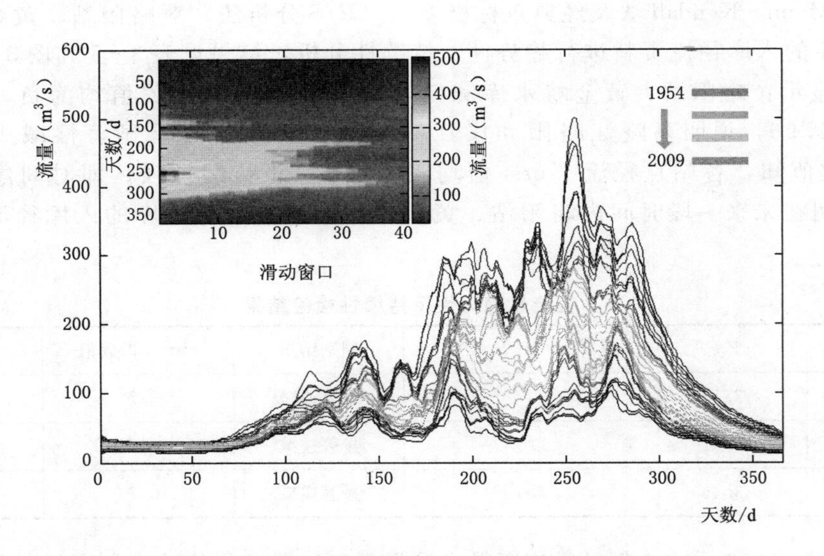

图 3-7　变窗口滑动平均法的略阳站日流量变化过程

3.3.5　径流变异

通过有效聚类法，计算得到 1950—2009 年黄金峡、三河口的入库径流和略阳站年径流序列总离差平方和与分割点的关系曲线，见图 3-8。

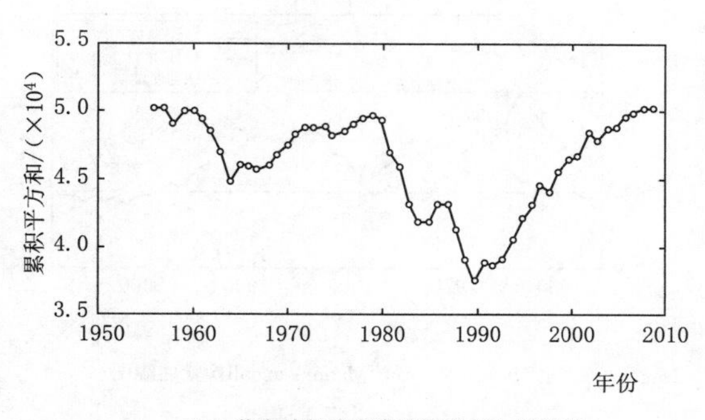

(a) 黄金峡径流有序聚类分析Sn进程图

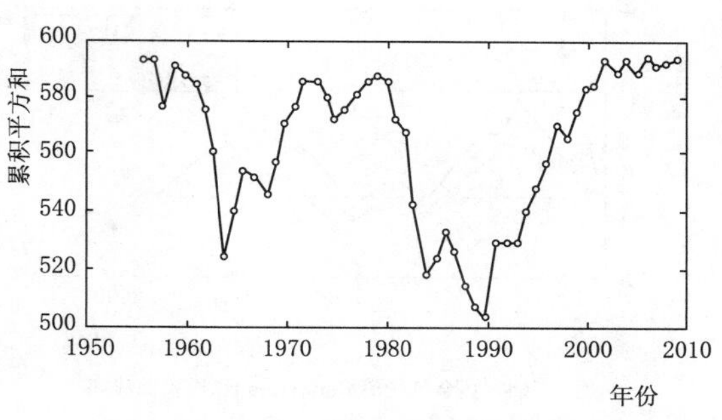

(b) 三河口径流有序聚类分析Sn进程图

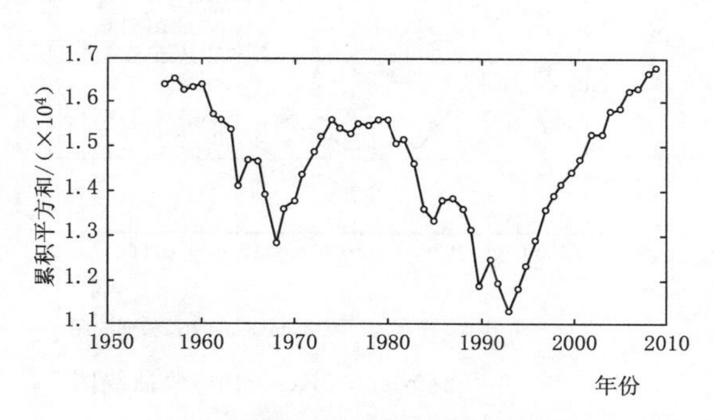

(c) 略阳年径流序列径流有序聚类分析Sn进程图

图 3-8 年径流序列有序聚类分析 Sn 进程图

分析图 3-8 所示关系曲线，找出总离差平方和最小的分割点，初步得到变异点的结果见表 3-6。

表 3-6 年径流序列有序聚类分析结果表

站　点	变异点个数	位置/年	
		第 1 个变异点	第 2 个变异点
黄金峡	2	1964 年	1990 年
三河口	2	1964 年	1990 年
略阳站	2	1967 年	1993 年

通过有序聚类法分析得到，黄金峡水库、三河口水库入库径流和略阳站径流序列均存在 2 个变异点。为了进一步说明径流序列的变异规律，对略阳站径流、黄金峡水库和三河口水库 1956—2009 年的年径流序列进行 Mann-Kendall 非参数检验，得到统计量 U 的顺序、逆序变化曲线 UF、UB，取显著性水平 $\alpha=0.05$，得到两条临界线 $y=\pm1.96$，绘制检验曲线如图 3-9 所示。

从图 3-9 中可以看出，黄金峡水库 UF 值在 1956—1957 年和 1961—1967 年均大于零，其余时段都小于零。说明在 1956—1957 年和 1961—1967 年，黄金峡水库入库径流呈现增加的趋势，而其他时段则表现出减小的趋势。黄金峡水库 UF 值在 1996 年以后超出了下临界线，说明从 1996 年开始入库径流的减小趋势更为显著；同时 UF 曲线和 UB 曲

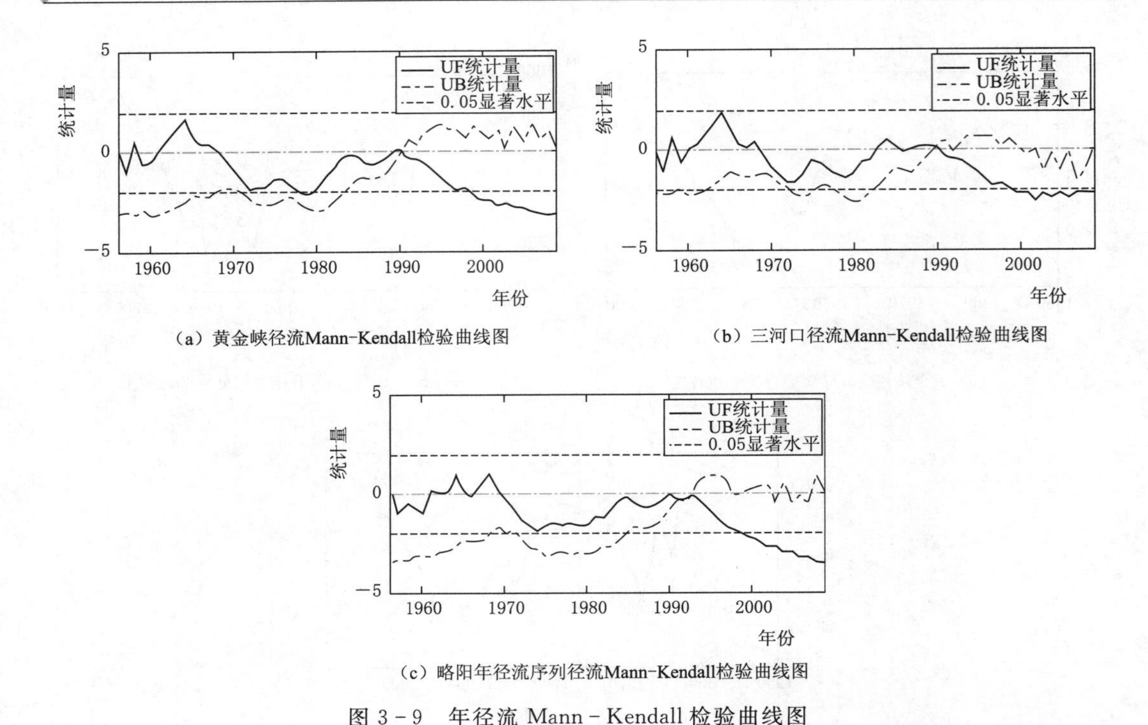

（a）黄金峡径流Mann-Kendall检验曲线图

（b）三河口径流Mann-Kendall检验曲线图

（c）略阳年径流序列径流Mann-Kendall检验曲线图

图 3-9　年径流 Mann-Kendall 检验曲线图

线于 1990 年左右相交，且该相交点位于上下两条临界线之间，则说明黄金峡入库径流序列在 1990 年左右发生了变异。

三河口水库 UF 值在 1956—1957 年、1961—1968 年和 1983—1990 年间均大于零，其余时间段都小于零，说明在 1956—1957 年、1961—1968 年和 1983—1990 年间，三河口水库入库径流呈增加趋势，其余时间段为减小趋势。UF 值在 1997 年以后超出了临界线，说明从 1997 年开始，三河口入库径流减小趋势显著。图中 UF 和 UB 曲线相交于 1990 年，且该交点位于两条临界线之间，说明三河口入库径流序列在 1990 年发生了变异。

略阳径流 UF 值在 1965—1970 年均大于零，其余时间段都小于零，说明在 1965—1970 年，略阳径流呈增加趋势，其余时间段为减小趋势。UF 值在 1998 年以后超出了临界线，说明从 1998 年开始，略阳径流减小趋势显著。图中 UF 和 UB 曲线相交于 1993 年，且该交点位于两条临界线之间，说明略阳径流序列在 1993 年发生了变异。

表 3-7　年径流序列变异点检验结果

站点	变异点个数	时间
黄金峡	1	1990 年
三河口	1	1990 年
略阳站	1	1993 年

有序聚类法结合 Mann-Kendall 检验法确定的变异点见表 3-7。

略阳站径流、黄金峡水库和三河口水库入库径流序列均在 20 世纪 90 年代存在变异点。嘉陵江、黄金峡库区和三河口库区 20 世纪 90 年代降雨明显低于 90 年代前，加上流域 90 年代开始大力开展水土保持工作，人类活动的干扰作用增强。因此在气候条件和人类活动的共同作用下，导致流域径流序列在 20 世纪 90 年代发生变异，且站点都位于河流上游，说明气候变化可能是导致径流变异的主要因素。

3.3.6 径流周期

利用小波分析对黄金峡水库、三河口水库入库径流和略阳站径流序列进行多时间尺度分析，结果见图3-10～图3-12。

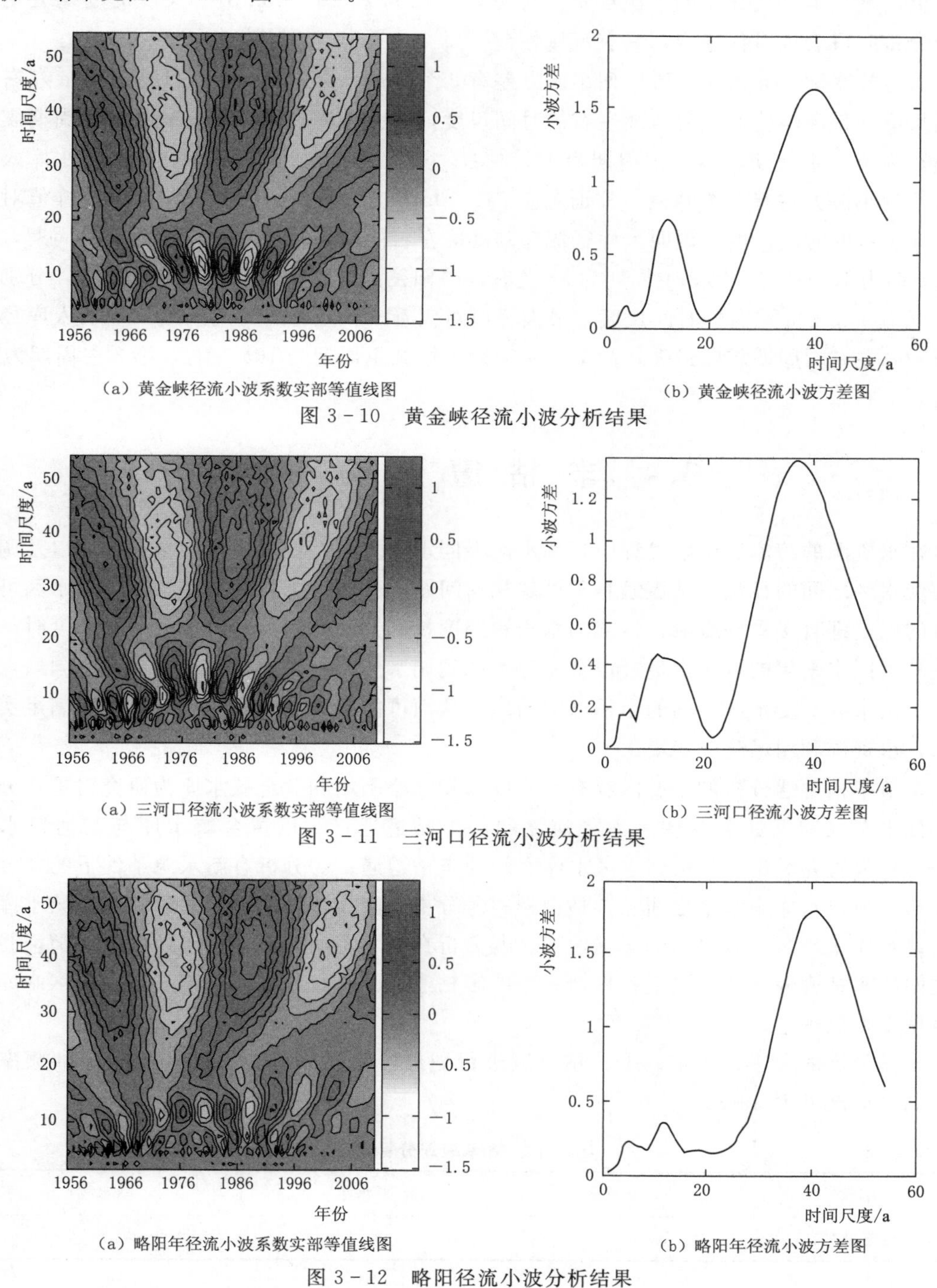

图3-10 黄金峡径流小波分析结果

图3-11 三河口径流小波分析结果

图3-12 略阳径流小波分析结果

从以上结果可以看出，黄金峡水库、三河口水库的入库径流和略阳径流序列在演变过程中存在着多时间尺度特征。黄金峡、三河口和略阳站径流演变都存在5～15a、25～45a尺度的周期变化规律。其中在5～15a时间尺度上存在丰—枯交替的5次震荡，25～45a尺度上出现了丰—枯交替的2次震荡。可见，5～15a和25～45a两个尺度的周期变化在整个分析时段表现得很稳定，具有流域性。

黄金峡水库54a入库径流序列小波方差有3个峰值，分别对应4a、12a和37a左右的时间尺度，最大峰值对应着42a左右的时间尺度，说明入库径流序列37a左右的周期震荡最强，为第1主周期，第2主周期为12a左右，第3主周期为4a左右；三河口水库入库径流序列小波方差有3个峰值，分别对应5a、10a和38a左右的时间尺度，最大峰值对应着38a左右的时间尺度，说明入库径流序列38a左右的周期震荡最强，为第1主周期，第2主周期为10a左右，第3主周期为5a左右；略阳径流序列小波方差有3个峰值，分别对应4a、10a和40a左右的时间尺度，最大峰值对应着40a左右的时间尺度，说明入库径流序列40a左右的周期震荡最强，为第1主周期，第2主周期为10a左右，第3主周期为4a左右。

3.4　丰枯遭遇分析

在水资源的跨流域调配过程中，调水区不同水源之间、受水区不同站点之间以及调水区与受水区之间的径流丰枯遭遇是不可忽视的问题。不同的丰枯遭遇情景下，调水区可调水量的确定都直接受到影响。传统的水资源调度技术方法应用到跨流域水资源调度时，都是估算不同水平年的可调水量，没有充分考虑到调水区不同水源之间、受水区不同站点之间以及调水区与受水区之间的丰枯遭遇问题，从而可能导致水资源调度结果难以满足实际需求，水资源利用风险问题突出。

本节丰枯遭遇分析的主要内容有：①以嘉陵江略阳站和黄金峡水库为研究对象，分析嘉陵江水源区和汉江黄金峡水库径流之间的丰枯遭遇；②以黄金峡水库与三河口水库（黄-三）为研究对象，分析调水区水库之间的丰枯遭遇；③分析有新水源条件下的黄金峡水库与三河口水库来水量之间的丰枯遭遇；④分析嘉陵江略阳站径流、汉江黄金峡水库与三河口水库来水量三者之间的丰枯遭遇；⑤分析在新水源条件下的汉江调水区和渭河受水区之间的丰枯遭遇。通过以上各种情景下的丰枯遭遇分析，为引汉济渭工程水源区水库群联合调度提供理论基础。

根据径流的大小，按丰、平、枯三级进行划分，丰枯划分标准按径流相应的频率进行。划分标准见表3-8。

表3-8　丰、平、枯等级划分标准

名称	丰水年	平水年	枯水年
径流量/%	25	25～75	75

根据不同径流过程的边缘分布函数和选取的Calyton Copula函数，可得到年径流的联合概率分布函数为

$$H(x,y)=P(X\leqslant x,Y\leqslant y)=C(\mu_1,\mu_2) \tag{3.50}$$

式中：P 为不超过概率；H 为联合概率分布函数；μ_1，μ_2 为两水库径流系列的边缘分布函数。

将两个水库的丰枯遭遇分为以下9种情况：

(1) 丰丰型，$p_1=P(X\geqslant x_{pf},Y\geqslant y_{pf})$；

(2) 丰平型，$p_2=P(X\geqslant x_{pf},y_{pk}<Y<y_{pf})$；

(3) 丰枯型，$p_3=P(X\geqslant x_{pf},Y\leqslant y_{pk})$；

(4) 平丰型，$p_4=P(x_{pk}<X<x_{pf},Y\geqslant y_{pf})$；

(5) 平平型，$p_5=P(x_{pk}<X<x_{pf},y_{pk}<Y<y_{pf})$；

(6) 平枯型，$p_6=P(x_{pk}<X<x_{pf},Y\leqslant y_{pk})$；

(7) 枯丰型，$p_7=P(X\leqslant x_{pk},Y\geqslant y_{pf})$；

(8) 枯平型，$p_8=P(X\leqslant x_{pk},y_{pk}<Y<y_{pf})$；

(9) 枯枯型，$p_9=P(X\leqslant x_{pk},Y\leqslant y_{pk})$。

其中，$pf=25\%$，$pk=75\%$分别为径流量丰枯划分等级的频率，将上述9种情况分为丰枯同步和丰枯异步两种情形。由于Copula函数具有对称性，推求出两个径流之间的丰平与平丰、丰枯与枯丰、平枯与枯平遭遇的概率相等。

3.4.1 嘉陵江与汉江径流丰枯遭遇分析

1. 确定边缘分布函数

本节选取P-Ⅲ分布、GEV分布与LOGN分布分别对略阳站径流和黄金峡水库入库年径流序列（1956—2009年）进行拟合，并进行检验与优选，确定出拟合效果最优的边缘分布。

两站径流的边缘分布函数的拟合效果分别见图3-13，拟合度检验结果见表3-9，其中3种分布的K-S检验值均小于临界值0.1814，均通过了K-S检验。

表3-9 黄金峡水库入库径流量和略阳径流量边缘分布拟合检验结果

评价指标	黄金峡			略阳		
	P-Ⅲ	GEV	LOGN	P-Ⅲ	GEV	LOGN
D_{K-S}	0.0637	0.0631	0.0545	0.0924	0.0744	0.0645
RMSE	0.4847	0.4919	0.4871	0.5091	0.5191	0.5146
AIC	−72.22	−70.62	−75.68	−66.91	−64.80	−69.75

通过表3-9可以看出，三种边缘分布均通过了K-S检验，且各种评价指标结果相差不大。从图3-13也可以看出，P-Ⅲ分布、GEV分布与LOGN分布都能较好地拟合黄金峡水库与三河口水库的年径流序列，说明与表3-8中的结果是一致的。因此，通过对

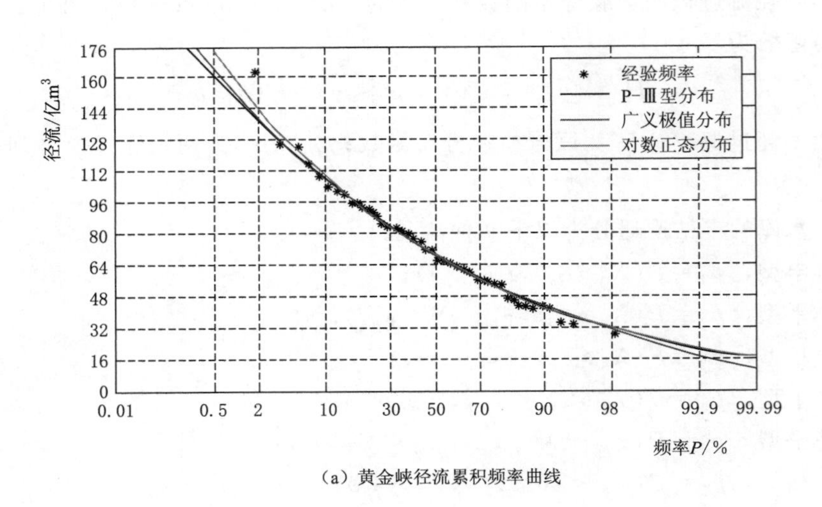

(a) 黄金峡径流累积频率曲线

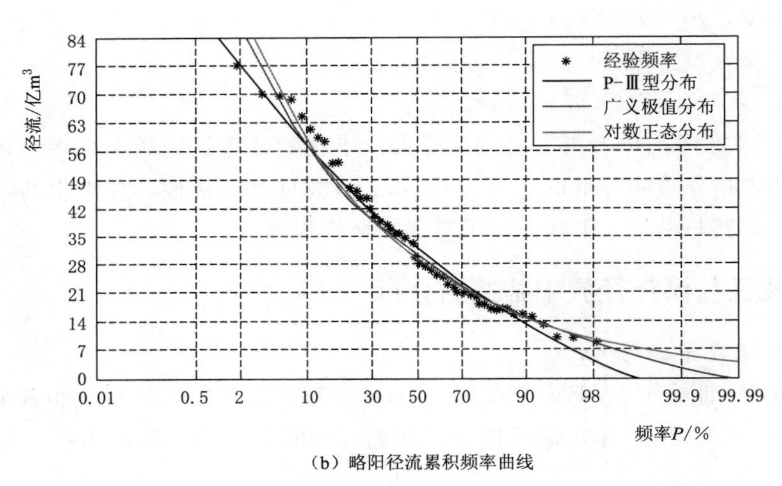

(b) 略阳径流累积频率曲线

图 3-13　黄金峡水库入库径流、略阳径流边缘分布拟合图

比分析，选取国内最常用的 P-Ⅲ分布来作为略阳径流与黄金峡水库年径流序列的最优边缘分布函数来进行进一步的分析。

2. 确定最优的 Copula 函数

本节选取水文领域中经常用到的 Gumbel 与 Calyton 函数作为连接函数。为检验 Copula 函数的拟合精度，需要比较理论累积频率与经验累积频率的一致性。不同形式的 Copula 函数理论概率与经验概率的一致性采用 AIC 最小准则与离差平方和最小准则（OLS）进行检验与衡量。计算结果见表 3-10。从检验结果可以看出，Calyton Copula 函数的 AIC 值与 OLS 值均最小，即 Calyton Copula 函数的拟合精度最好，选择作为连接函数。

表 3-10　Copula 函数的拟合优度检验结果

评价指标	Gumbel	Calyton
AIC	−333.62	−350.61
OLS	0.0447	0.0382

3. 丰枯遭遇组合

根据略阳径流与黄金峡水库入库年径流的边缘分布函数和选取的 Calyton Copula 函数，可得到年径流的联合概率分布函数为式（3.50）中所列的形式。具体的不同情景下丰枯遭遇计算结果见表 3-11。

表 3-11　略阳站径流与黄金峡水库入库径流之间的丰枯遭遇　%

组合		丰枯同步频率				丰枯异步频率						
1	2	1丰 2丰	1平 2平	1枯 2枯	合计	1丰 2平	1丰 2枯	1平 2丰	1平 2枯	1枯 2丰	1枯 2平	合计
黄金峡	略阳	12.98	32.36	18.46	63.80	11.56	0.46	11.56	6.09	0.46	6.09	36.20

从表 3-11 可以看出：①略阳-黄金峡丰枯同步频率分别为 12.98%（同丰）、32.36%（同平）、18.46%（同枯），丰枯同步的频率为 63.80%；②略阳-黄金峡丰枯异步的频率为 36.20%，其中丰平组合（黄丰略阳平或黄平略阳丰）遭遇的概率较高，为 23.12%，其次为平枯组合（黄平略阳枯或黄枯略阳平），遭遇的概率为 12.18%；③各种遭遇组合中，只有丰枯组合（黄丰略阳枯或黄枯略阳丰）遭遇概率最小，仅为 0.92%，说明略阳-黄金峡水库之间丰枯遭遇频率的相关性较强，发生两者截然相反状态的几率最小。对于多水源调水调度来说，略阳站和黄金峡同为枯水年时对水资源调度最不利。计算得出略阳-黄金峡同枯频率为 18.46%。因此，在以后的实际调度中，应重视两水源同枯的情形。

图 3-14 和图 3-15 为略阳站径流与黄金峡水库入库径流丰枯遭遇联合分布的等值线图。从三维等值线图和二维等值线图可以直观、定量的查看出略阳站-黄金峡水库之间各种遭遇组合的概率，在实际应用中具有很强的指导意义。

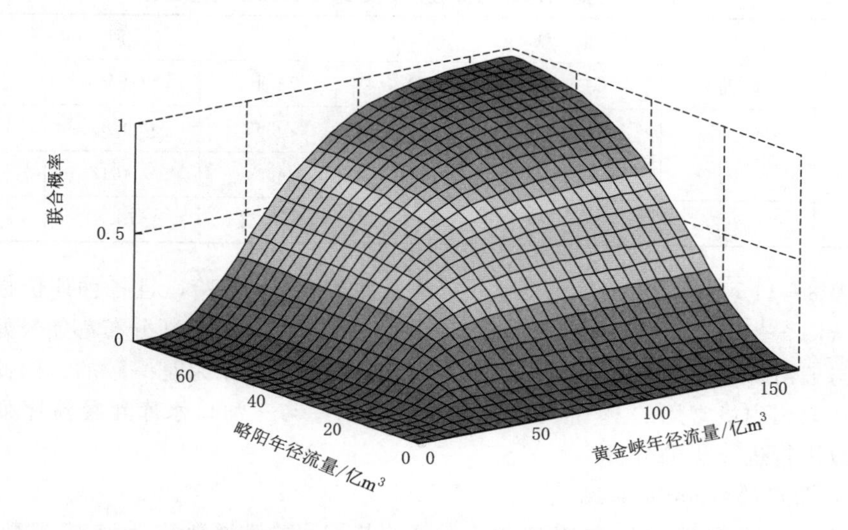

图 3-14　略阳站径流与黄金峡水库入库径流的联合分布

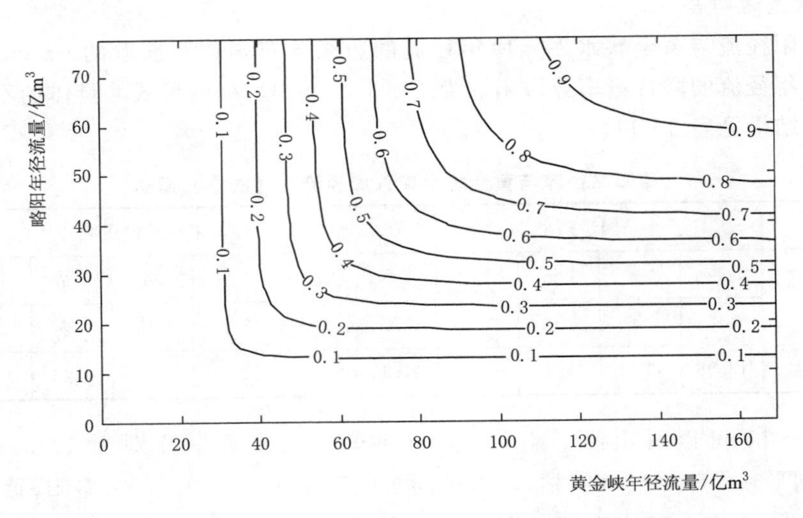

图 3-15　略阳站径流与黄金峡水库入库径流联合分布等值线

3.4.2　调水区水库间丰枯遭遇分析

1. 确定边缘分布函数

本节选取 P-Ⅲ分布、GEV 分布与 LOGN 分布分别对黄金峡水库和三河口水库年径流序列（1956—2009 年）进行拟合。通过检验与优选，确定出拟合效果最优的边缘分布。

两水库径流的边缘分布函数的拟合效果分别见图 3-16，拟合度检验结果见表 3-12，其中 3 种分布的 K-S 检验值均小于临界值 0.1814，均通过了 K-S 检验。

表 3-12　黄金峡与三河口水库入库径流量边缘分布拟合检验结果

评价指标	黄金峡			三河口		
	P-Ⅲ	GEV	LOGN	P-Ⅲ	GEV	LOGN
D_{K-S}	0.0637	0.0631	0.0545	0.0868	0.0886	0.0832
RMSE	0.4847	0.4919	0.4871	0.4604	0.4642	0.4583
AIC	−72.22	−70.62	−75.68	−77.77	−76.89	−82.26

通过表 3-11 可以看出，三种边缘分布均通过了 K-S 检验，且各种评价指标结果相差不大。从图 3-16 也可以看出，P-Ⅲ分布、GEV 分布与 LOGN 分布都能较好地拟合黄金峡水库与三河口水库的年径流序列，表明与表 3-11 中的结果是一致的。因此，通过对比分析，选取国内最常用的 P-Ⅲ分布作为黄金峡水库与三河口水库年径流序列的最优边缘分布函数进行进一步的分析。

2. 确定最优的 Copula 函数

本节选取水文领域中经常用到的 Gumbel 与 Calyton 函数作为连接函数。为了检验 Copula 函数的拟合精度，需要比较理论累积频率与经验累积频率的一致性。不同

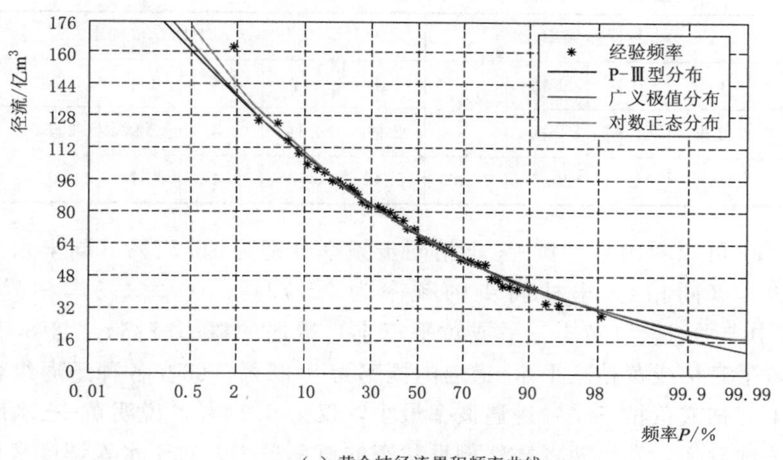

(a) 黄金峡径流累积频率曲线

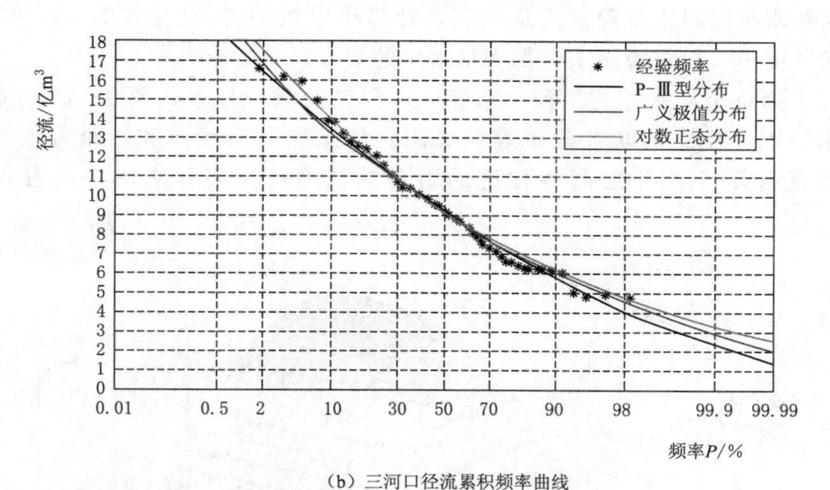

(b) 三河口径流累积频率曲线

图 3-16　黄金峡、三河口水库年入库径流边缘分布拟合图

形式的 Copula 函数理论概率与经验概率的一致性采用 AIC 最小准则与离差平方和最小准则（OLS）进行检验与衡量。Copula 函数的拟合优度检验结果见表 3-13。从检验结果可以看出，Calyton Copula 函数的 AIC 值与 OLS 值均最小，即 Calyton Copula 函数的拟合精度最好，故选作连接函数。

表 3-13　Copula 函数的拟合优度检验结果

评价指标	Gumbel	Calyton
AIC	−357.75	−368.80
OLS	0.0358	0.0323

3. 丰枯遭遇组合

根据黄金峡水库与三河口水库入库年径流的边缘分布函数和选取的 Calyton Copula 函数，可以得到年径流的联合概率分布函数。黄金峡水库与三河口水库入库径流之间的丰枯遭遇计算结果见表 3-14。

表 3-14　　黄金峡水库与三河口水库入库径流之间的丰枯遭遇计算结果

组合		丰枯同步频率/%				丰枯异步频率/%						
1	2	1丰	1平	1枯	合计	1丰	1丰	1平	1平	1枯	1枯	合计
		2丰	2平	2枯		2枯	2枯	2丰	2枯	2丰	2平	
黄金峡	三河口	15.51	36.44	20.79	72.73	9.42	0.07	9.42	4.14	0.07	4.14	27.27

从表 3-14 可以看出：①黄-三丰枯同步频率分别为 15.51%（同丰）、36.44%（同平）和 20.79%（同枯），丰枯同步的频率为 72.73%；②黄-三丰枯异步的频率为 27.27%，其中丰平组合（黄丰三平或黄平三丰）遭遇的概率较高，为 18.84%，其次为平枯组合（黄平三枯或黄枯三平），遭遇的概率为 8.28%；③在各种遭遇组合中，只有丰枯组合（黄丰三枯或黄枯三丰）遭遇概率最小，仅为 0.14%，说明黄-三水库之间丰枯遭遇频率的相关性较强，发生两者截然相反状态的概率最小。对于水库调度来说，黄金峡和三河口同为枯水年时对水资源调度最不利，计算得出黄-三同枯频率为 20.79%。因此在以后的实际调度中，应重视两水库都为枯水年的情形。

图 3-17 为黄金峡水库与三河口水库入库径流的联合分布，图 3-18 为黄金峡水库与三河口水库入库径流的联合分布等值线图。从三维等值线图和二维等值线图可以直观、定量地查看黄-三水库之间各种遭遇组合的概率，在实际应用中具有很强的指导意义。

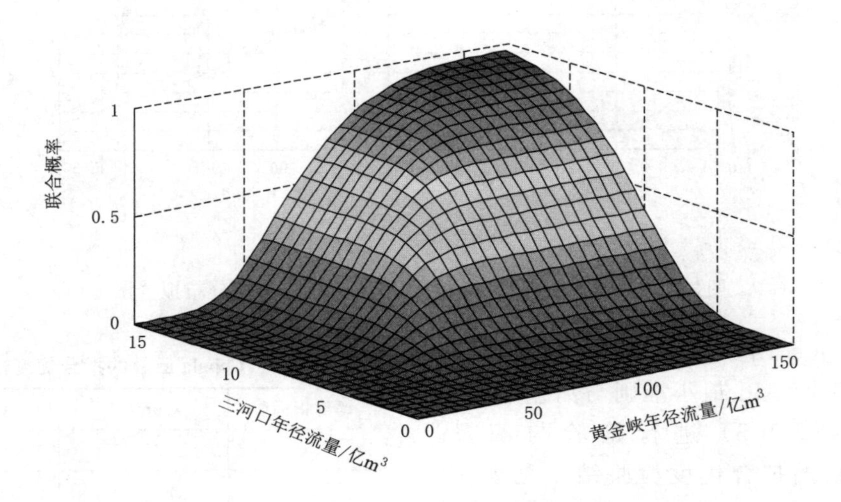

图 3-17　黄金峡水库与三河口水库入库径流的联合分布

3.4.3　新水源条件下调水区水库间丰枯遭遇分析

未来，引嘉入汉工程从嘉陵江略阳取水口调水到汉江上游之后直接影响黄金峡水库的入流过程，由此产生的径流丰枯变化不可忽略。因此，有必要研究在有引嘉入汉新水源条件下的汉江调水区水库丰枯遭遇变化，以更充分地为工程实际运行提供参考。此处新水源

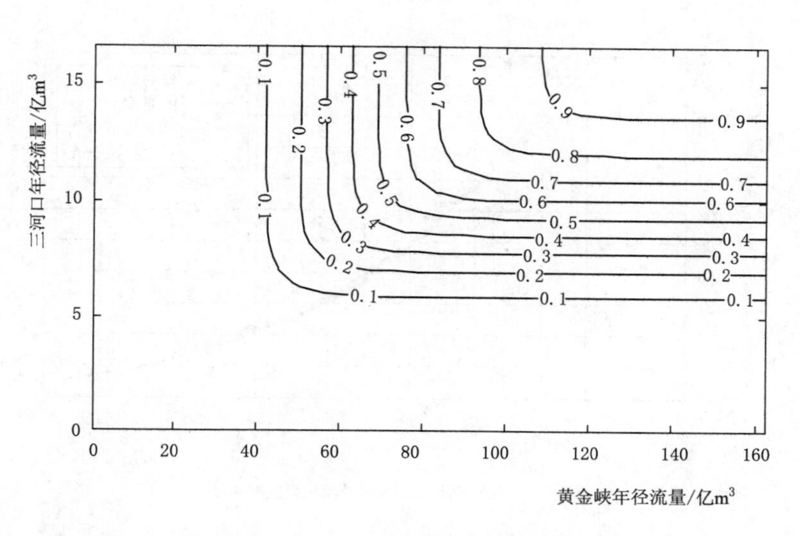

图 3-18 黄金峡水库与三河口水库入库径流的联合分布等值线图

条件下调水区水库丰枯遭遇以引嘉入汉初设报告中推荐的从嘉陵江调水 40m³/s 向汉江补水情况进行研究。

1. *确定边缘分布函数*

本节选取 P-Ⅲ分布、GEV 分布与 LOGN 分布分别对新水源条件下黄金峡水库和三河口水库年径流序列（1956—2009 年）进行拟合、检验与优选，确定出拟合效果最优的边缘分布。

黄金峡、三河口水库年入库径流边缘分布拟合图见图 3-19，新水源黄金峡与三河口水库入库径流量边缘分布拟合检验结果见表 3-15，其中 3 种分布的 K-S 检验值均小于临界值 0.1814，均通过了 K-S 检验。

表 3-15 新水源黄金峡与三河口水库入库径流量边缘分布拟合检验结果

评价指标	新水源黄金峡			三河口		
	P-Ⅲ	GEV	LOGN	P-Ⅲ	GEV	LOGN
D_{K-S}	0.0559	0.0673	0.0586	0.0868	0.0886	0.0832
RMSE	0.4866	0.4926	0.4869	0.4604	0.4642	0.4583
AIC	−71.80	−70.47	−75.73	−77.77	−76.89	−82.26

通过表 3-14 可以看出，三种边缘分布均通过了 K-S 检验，且各种评价指标结果相差不大。从图 3-19 也可以看出，P-Ⅲ分布、GEV 分布与 LOGN 分布都能较好地拟合新水源黄金峡水库与三河口水库的年径流序列，与表 3-14 中的结果是一致的。因此，通过对比分析，选取国内最常用的 P-Ⅲ分布作为新水源黄金峡水库与三河口水库年径流序列的最优边缘分布函数来进行进一步的分析。

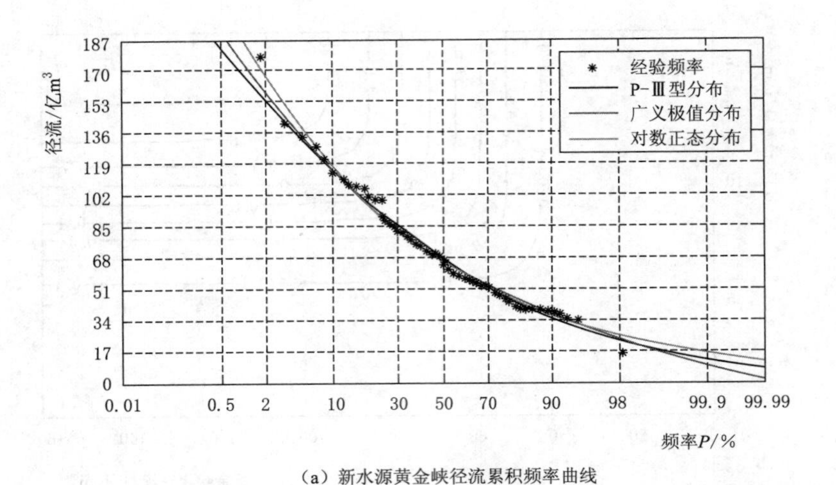

(a) 新水源黄金峡径流累积频率曲线

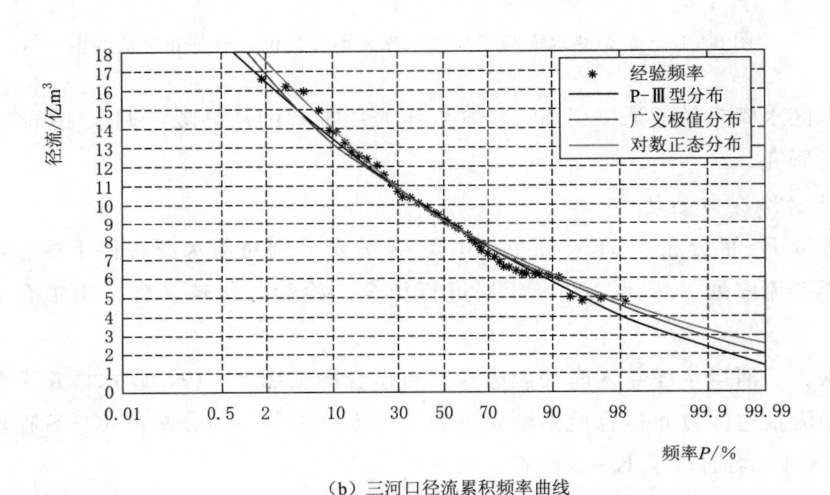

(b) 三河口径流累积频率曲线

图 3-19　黄金峡、三河口水库年入库径流边缘分布拟合图

2. 确定最优的 Copula 函数

本次选取水文领域中经常用到的 Gumbel 与 Calyton 函数作为连接函数，为检验 Copula 函数的拟合精度，需要比较理论累积频率与经验累积频率的一致性。不同形式的 Copula 函数理论概率与经验概率的一致性采用 AIC 最小准则与离差平方和最小准则（OLS）进行检验与衡量。计算结果见表3-16。从检验结果可以看出，Calyton Copula 函数的 AIC 值与 OLS 值均最小，即 Calyton Copula 函数的拟合精度最好，故选连接函数。

表 3-16　Copula 函数的拟合优度检验结果

评价指标	Gumbel	Calyton
AIC	−357.14	−364.86
OLS	0.0360	0.0335

3. 丰枯遭遇组合

根据新水源黄金峡水库与三河口水库入库年径流的边缘分布函数和选取的 Calyton Copula 函数，可得到年径流的联合概率分布函数为式（3.50）中所列的形式。具体的不同情景下丰枯遭遇计算结果见表 3-17。

表 3-17　　新水源黄金峡水库与三河口水库入库径流之间的丰枯遭遇　　%

组合		丰枯同步频率				丰枯异步频率						
1	2	1丰 2丰	1平 2平	1枯 2枯	合计	1丰 2平	1丰 2枯	1平 2丰	1平 2枯	1枯 2丰	1枯 2平	合计
新-黄金峡	三河口	15.25	36.02	20.59	71.85	9.66	0.09	9.66	4.32	0.09	4.32	28.15
黄金峡	三河口	15.5	36.4	20.8	72.7	9.42	0.07	9.42	4.14	0.07	4.14	27.3

从表 3-17 可以看出：①新黄-三丰枯同步频率分别为 15.25%（同丰）、36.02%（同平）、20.59%（同枯），丰枯同步的频率为 71.85%；②新黄-三丰枯异步的频率为 28.15%，其中丰平组合（新黄丰三平或新黄平三丰）遭遇的概率较高，为 19.32%，其次为平枯组合（新黄平三枯或新黄枯三平），遭遇的概率为 8.64%；③在各种遭遇组合中，只有丰枯组合（新黄丰三枯或新黄枯三丰）遭遇概率最小，仅为 0.14%，说明新黄-三水库之间丰枯遭遇频率的相关性较强，发生两者截然相反状态的几率最小。对于水库调度来说，新黄金峡和三河口同为枯水年时对水资源调度最不利。计算得出新黄-三同枯频率为 20.59%，没有新水源条件下黄-三同枯频率为 20.79%，说明新水源对水源区丰枯遭遇概率无影响，新水源不是可调水量主导因素，在实际的工程调度中需要注意枯水年情景下的黄金峡和三河口水库的合理调度。

图 3-20 和图 3-21 为新水源黄金峡水库与三河口水库入库径流丰枯遭遇联合分布的等值线图，从三维等值线图和二维等值线图可以直观、定量地查看出新黄-三水库之间各种遭遇组合的概率，在实际应用中具有很强的指导意义。

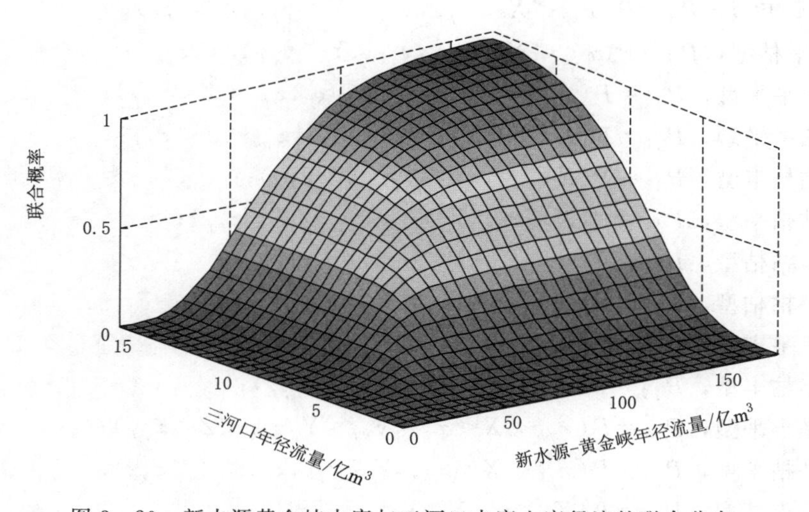

图 3-20　新水源黄金峡水库与三河口水库入库径流的联合分布

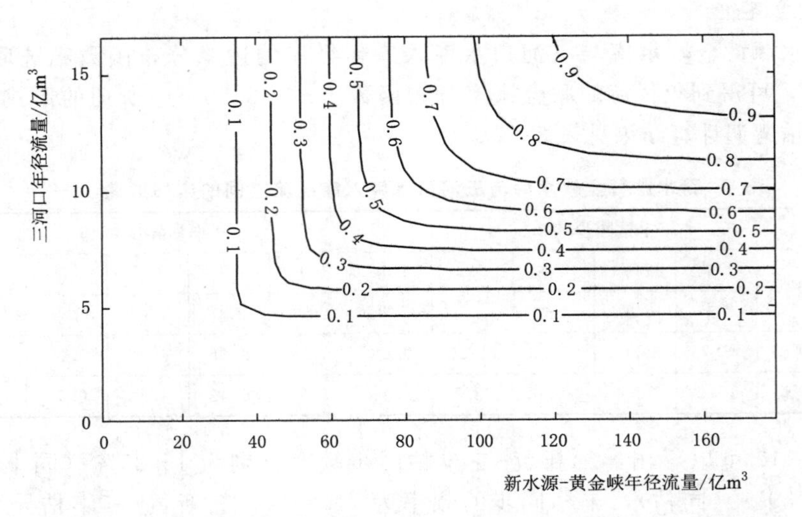

图 3-21　新水源-黄金峡水库与三河口水库入库径流的联合分布等值线

3.4.4 嘉陵江、黄金峡水库与三河口水库丰枯遭遇分析

对于三变量的丰枯遭遇分析，可以分为以下 27 种情况：

(1) 丰丰丰型，$P_1=P(X\geqslant x_{pf},Y\geqslant y_{pf},Z\geqslant z_{pf})$；

(2) 平平平型，$P_2=P(x_{pk}<X<x_{pf},y_{pk}<Y<y_{pf},z_{pk}<Z<z_{pf})$；

(3) 枯枯枯型，$P_3=P(X\leqslant x_{pk},Y\leqslant y_{pk},Z\leqslant z_{pk})$；

(4) 丰丰平型，$P_4=P(X\geqslant x_{pf},Y\geqslant y_{pf},z_{pk}<Z<z_{pf})$；

(5) 丰丰枯型，$P_5=P(X\geqslant x_{pf},Y\geqslant y_{pf},Z\leqslant z_{pk})$；

(6) 平丰丰型，$P_6=P(x_{pk}<X<x_{pf},Y\geqslant y_{pf},Z\geqslant z_{pf})$；

(7) 枯丰丰型，$P_7=P(X\leqslant x_{pk},Y\geqslant y_{pf},Z\geqslant z_{pf})$；

(8) 平平丰型，$P_8=P(x_{pk}<X<x_{pf},y_{pk}<Y<y_{pf},Z\geqslant z_{pf})$；

(9) 平平枯型，$P_9=P(x_{pk}<X<x_{pf},y_{pk}<Y<y_{pf},Z\leqslant z_{pk})$；

(10) 丰平平型，$P_{10}=P(x_{pf}\leqslant X,y_{pk}<Y<y_{pf},z_{pk}<Z<z_{pf})$；

(11) 枯平平型，$P_{11}=P(X\leqslant x_{pk},y_{pk}<Y<y_{pf},z_{pk}<Z<z_{pf})$；

(12) 枯枯丰型，$P_{12}=P(X\leqslant x_{pk},Y\leqslant y_{pk},Z\geqslant z_{pf})$；

(13) 枯枯平型，$P_{13}=P(X\leqslant x_{pk},Y\leqslant y_{pk},z_{pk}<Z<z_{pf})$；

(14) 丰枯枯型，$P_{14}=P(X\geqslant x_{pf},Y\leqslant y_{pk},Z\leqslant z_{pk})$；

(15) 平枯枯型，$P_{15}=P(x_{pk}<X<x_{pf},Y\leqslant y_{pk},Z\leqslant z_{pk})$；

(16) 丰平丰型，$P_{16}=P(X\geqslant x_{pf},y_{pk}<Y<y_{pf},Z\geqslant z_{pf})$；

(17) 丰枯丰型，$P_{17}=P(X\geqslant x_{pf},Y\leqslant y_{pk},Z\geqslant z_{pf})$；

(18) 平丰平型，$P_{18}=P(x_{pk}<X<x_{pf},y_{pf}\leqslant Y,z_{pk}<Z<z_{pf})$；

(19) 平枯平型，$P_{19}=P(x_{pk}<X<x_{pf},Y\leqslant y_{pk},z_{pk}<Z<z_{pf})$；

(20) 枯丰枯型，$P_{20}=P(X\leqslant x_{pk},Y\geqslant y_{pf},Z\leqslant z_{pk})$；

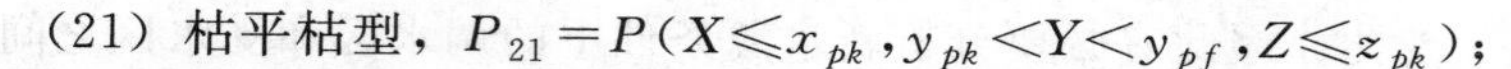

(21) 枯平枯型，$P_{21}=P(X\leqslant x_{pk},y_{pk}<Y<y_{pf},Z\leqslant z_{pk})$；

(22) 丰平枯型，$P_{22}=P(X\geqslant x_{pf},y_{pk}<Y<y_{pf},Z\leqslant z_{pk})$；

(23) 丰枯平型，$P_{23}=P(X\geqslant x_{pf},Y\leqslant y_{pk},z_{pk}<Z<z_{pf})$；

(24) 平丰枯型，$P_{24}=P(x_{pk}<X<x_{pf},y_{pf}\leqslant Y,Z\leqslant z_{pk})$；

(25) 平枯丰型，$P_{25}=P(x_{pk}<X<x_{pf},Y\leqslant y_{pk},Z\geqslant z_{pf})$；

(26) 枯丰平型，$P_{26}=P(X\leqslant x_{pk},y_{pf}\leqslant Y,z_{pk}<Z<z_{pf})$；

(27) 枯平丰型，$P_{27}=P(X\leqslant x_{pk},y_{pk}<Y<y_{pf},Z\geqslant z_{pf})$。

三变量的丰枯遭遇分析的计算思路为首先进行其中两个变量的联合分布，拟合得到联合分布后再和第三个变量再次进行联合分布的计算，从而得到三变量的联合分布。调水区水源年径流量三变量间的丰平枯遭遇计算结果见表3-18。从表3-18中可以看出27种组合下各种丰枯遭遇的结果。

表3-18　调水区水源年径流量三变量间的丰平枯遭遇计算结果　%

组　合	略阳-黄金峡-三河口	组　合	略阳-黄金峡-三河口
丰丰丰	**14.42**	平枯枯	1.61
平平平	**26.15**	丰平丰	1.38
枯枯枯	**13.54**	丰枯丰	0.66
丰丰平	4.25	平丰平	2.20
丰丰枯	1.27	平枯平	3.60
平丰丰	0.47	枯丰枯	**0.00**
枯丰丰	0.61	枯平枯	2.90
平平丰	5.44	丰平枯	1.64
平平枯	6.34	丰枯平	1.55
丰平平	1.97	平丰枯	2.32
枯平平	2.59	平枯丰	1.87
枯枯丰	**0.00**	枯丰平	1.95
枯枯平	5.73	枯平丰	1.58
丰枯枯	**0.00**		

从表3-18可以看出，略阳-黄金峡-三河口三者在丰枯同步的概率为54.11%，其次是平丰状态下的组合。但是对于调水比较有利的枯丰状态下的组合概率为零，三水源都具有很强的丰枯一致性。枯水年份来水均较小，因此调水工程的实际运行需要特别注意枯水年的调度，充分发挥三河口水库的多年调节能力，将枯水年的缺水量降到最低。

3.4.5 新水源条件下调水区与受水区丰枯遭遇分析

新水源条件下的汉江流域调水区黄金峡水库的入库径流发生了变化，造成与渭河调水区的丰枯遭遇概率也发生了变化，因此有必要分析新水源条件下的调水区和受水区之间的丰枯遭遇概率。选取汉江调水区的黄金峡水库和渭河流域内的咸阳、华县与张家山水文站的实测径流来进行丰枯遭遇的分析。

站点之间二维的组合有黄金峡-咸阳、黄金峡-华县、黄金峡-张家山、新黄金峡-咸阳、新黄金峡-华县、新黄金峡-张家山等6种情况，丰枯遭遇的具体步骤在上文中已经详细叙述，此处不再赘述，直接给出最终的丰枯遭遇组合。

调水区与受水区站点两两间丰平枯遭遇概率的见表3-19。

表3-19中列出了6种组合下丰枯遭遇的计算结果，以黄金峡-华县为例进行分析，可以看出：①黄金峡与华县丰枯同步的概率分别为14.44%（同丰），34.69%（同平），19.91%（同枯），丰枯同步的频率共为69.04%；②丰枯异步的概率为30.96%，其中丰平遭遇的概率最大，为20.78%，平枯遭遇的概率次之，为9.84%；丰枯遭遇的概率仅为0.34%；③华县站为枯水年，黄金峡水库为丰水年和平水年的概率为5.09%，华县站为平水年，黄金峡水库为丰水年和平水年的概率为45.08%。

表3-19　　调水区与受水区年径流量两两间的丰枯遭遇　　%

组合		丰枯同步频率				丰枯异步频率						
1	2	1丰 2丰	1平 2平	1枯 2枯	合计	1丰 2平	1丰 2枯	1平 2丰	1平 2枯	1枯 2丰	1枯 2平	合计
黄金峡	咸阳	13.78	33.63	19.29	66.7	10.94	0.28	10.94	5.43	0.28	5.43	33.3
黄金峡	华县	14.44	34.69	19.91	69.04	10.39	0.17	10.39	4.92	0.17	4.92	30.96
黄金峡	张家山	15.01	30.16	12.56	57.73	8.69	1.30	8.69	11.15	1.30	11.15	42.27
新黄金峡	咸阳	13.73	33.55	19.25	66.52	10.98	0.29	10.98	5.47	0.29	5.47	33.48
新黄金峡	华县	14.35	34.55	19.83	68.74	10.46	0.19	10.46	4.98	0.19	4.98	31.26
新黄金峡	张家山	15.26	30.44	12.79	58.49	8.54	1.20	8.54	11.01	1.20	11.01	41.51

由表3-19可知，黄金峡-华县丰枯异步的概率为30.96%，这是由两流域的客观条件决定的。对于跨流域调水工程而言，最不利的情景是两者同时发生枯水的情况，遭遇的概率的19.91%，在跨流域调水中应特别注意这种情景的发生。

在新水源条件下，黄金峡-华县丰枯同步的概率为68.74%，丰枯异步的概率为31.26%；在没有新水源条件下，相应的丰枯遭遇概率为69.04%和30.96%。可以看出，引嘉入汉对调水区和受水区的丰枯遭遇影响不大，一方面受到可调水量的限制，另一方面水源区的径流具有较强的丰枯一致性，在未来需要重点关注水源区和受水区都为枯水年的情况，避免因供水不足造成的损失。

图3-22为调水区与受水区站点径流两两间丰枯遭遇联合分布的等值线图，从三维等值线图和二维等值线图可以直观、定量地查看出6种组合之间各种遭遇组合的概率，为跨流域调水提供决策支持。

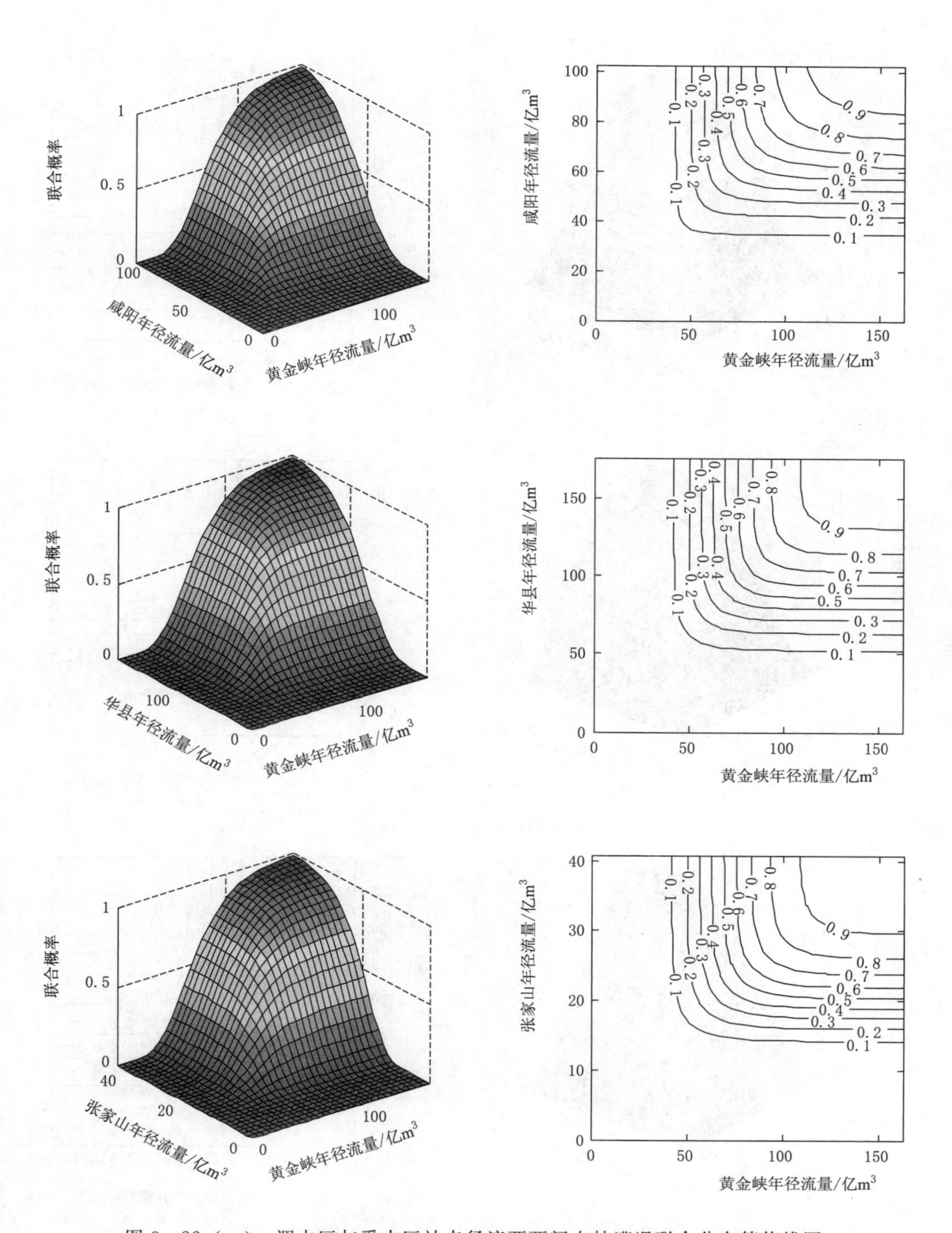

图 3-22（一） 调水区与受水区站点径流两两间丰枯遭遇联合分布等值线图

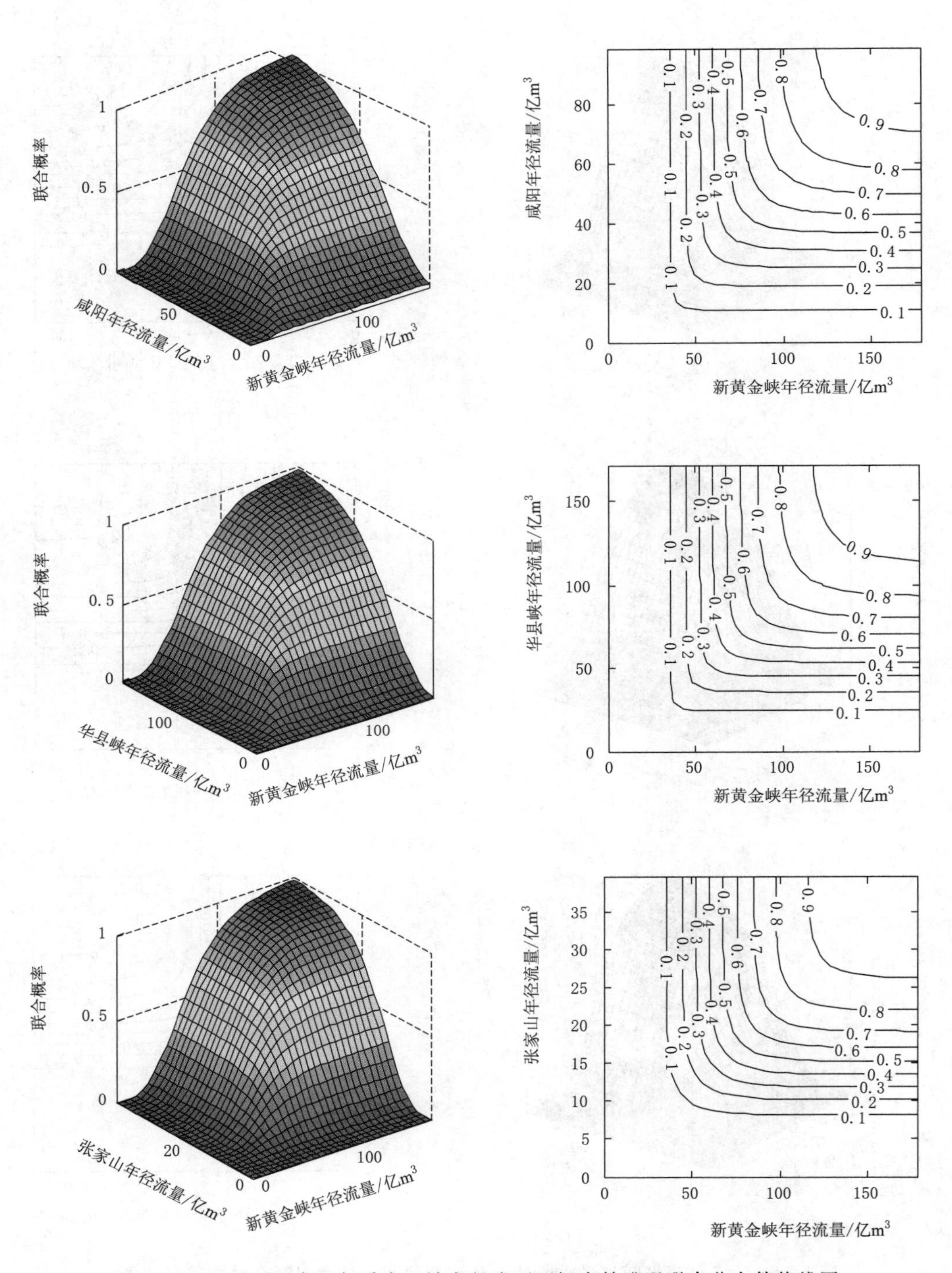

图 3-22（二）　调水区与受水区站点径流两两间丰枯遭遇联合分布等值线图

3.5 本 章 小 结

1. 径流特征

（1）黄金峡水库入库年径流量极值比为10.98，三河口水库入库年径流量极值比为6.80，嘉陵江略阳站的径流极值比为9.1。

（2）嘉陵江略阳站、汉江黄金峡水库和三河口水库的入库径流量均呈显著性减少趋势，在未来一段时间内略阳站、黄金峡和三河口水库的水库的径流将继续保持减少的趋势。

（3）略阳站径流序列在1993年发生了突变，黄金峡和三河口水库的入库径流序列在1990年发生了突变；略阳站径流序列、黄金峡水库和三河口水库入库径流序列均在20世纪90年代有变异点，嘉陵江流域和汉江流域20世纪90年代降雨明显低于20世纪90年代前，加上流域自20世纪90年代开始大力开展水土保持工作，人类活动的干扰作用增强。因此，在气候条件和人类活动的共同作用下，流域径流序列在20世纪90年代发生了突变。

2. 丰枯遭遇分析

（1）略阳-黄金峡丰枯同步频率分别为12.98%（同丰）、32.36%（同平）、18.46%（同枯），丰枯同步的频率为63.80%；略阳-黄金峡丰枯异步的频率为36.20%，各种遭遇组合中，只有丰枯组合（黄丰略阳枯或黄枯略阳丰）遭遇概率最小，仅为0.92%，说明略阳-黄金峡水库之间丰枯遭遇频率的相关性较强，发生两者截然相反的几率最小。

（2）黄-三丰枯同步的频率为72.73%，丰枯异步的频率为27.27%；黄-三各种遭遇组合中，只有丰枯组合（黄丰三枯或黄枯三丰）遭遇概率最小，仅为0.14%。黄-三水库之间丰枯遭遇频率的相关性较强，发生两者截然相反的概率最小。黄金峡和三河口同为枯水年时对水资源调度最不利。计算得出黄-三同枯频率为20.79%。因此，在以后的实际调度中，应重视两水库都为枯水年的情形。

（3）有引嘉入汉新水源下黄-三丰枯同步的频率为71.85%，丰枯异步的频率为28.15%。对于水库调度来说，新水源黄金峡和三河口同为枯水年时对水资源调度最不利，计算得出新水源黄-三同枯频率为20.59%，没有新水源条件下黄-三同枯频率为20.79%，两者差异很小，说明新水源不是影响丰枯遭遇的主导因素。

（4）在有无新水源条件下的调水区和受水区黄金峡-咸阳、黄金峡-华县、黄金峡-张家山、新黄金峡-咸阳、新黄金峡-华县和新黄金峡-张家山六种组合下，丰枯遭遇概率变化很小，说明引嘉入汉对调水区和受水区的丰枯遭遇影响不大，一方面受到可调水量的限制，另一方面水源区的径流具有较强的丰枯一致性，在未来需要重点关注水源区和受水区都为枯水年的情况，避免因供水不足造成损失。

第 4 章　跨流域调水工程“泵站-水库-电站”协同运行模拟调度研究

4.1　抽-调-蓄-输协同运行模式分析

引汉济渭工程由黄金峡水利枢纽、三河口水利枢纽、秦岭输水隧洞、输配水工程等组成。黄金峡日调节水库总库容为 2.21 亿 m^3，生态基流为 $25m^3/s$，河床式泵站安装 7 台水泵机组，总装机功率为 126MW，泵站设计流量为 $70m^3/s$，设计净扬程为 106.45m；坝后式电站安装 3 台发电机组，总装机容量为 135MW，多年平均发电量为 3.51 亿 kW·h；设有 300t 的垂直升船机和竖缝式鱼道。三河口多年调节水库总库容为 7.1 亿 m^3，生态基流为 $2.71m^3/s$，坝后电站安装 4 台机组（2 台常规、2 台可逆），总装机容量为 60MW，多年平均发电量为 1.325 亿 kW·h；抽水设计扬程 93.57m。98.3km 的秦岭输水隧洞设计流量为 $70m^3/s$。

黄金峡泵站从黄金峡水库取水，抽水入秦岭输水隧洞送至关中黄池沟调节池；当黄金峡泵站抽水流量小于关中需求时，由三河口水库泄水补充，通过三河口坝后连接洞经控制闸进入秦岭输水隧洞；当黄金峡泵站抽水流量大于关中需求时，多余部分水量经控制闸通过三河口坝后连接洞由三河口可逆机组抽水进入三河口水库存蓄。由此可知，引汉济渭跨流域调水工程运行非常复杂，需要建立“抽-调-蓄-输”全过程耦合贯通的系统调控模式，考虑“泵站-水库-电站”协同运行调度问题。

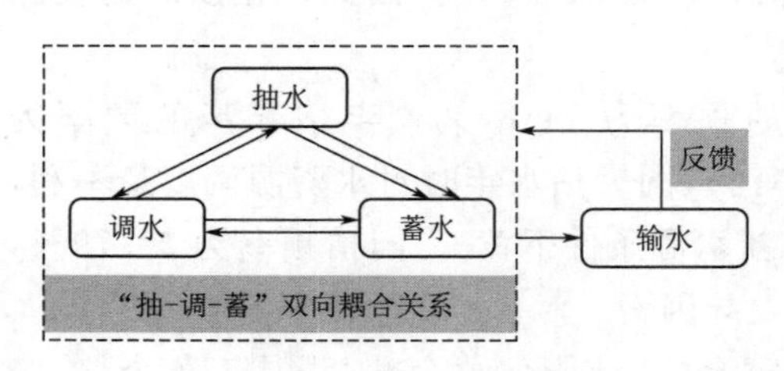

图 4-1　“抽-调-蓄-输”全过程耦合贯通系统调控模式

协同运行调度研究思路是：针对跨流域调水“泵站-水库-电站”协同运行问题，构建“抽-调-蓄-输”全过程耦合贯通的系统调控模式，如图 4-1 所示。其基本过程是，考虑跨流域调水各子过程的耦合关联，结合数学优化理论，建立多种符合调水实际运行情况的调度模型；在此基础上，根据模型结构特点，设计能够平衡计算精度和计算效率的高效求解算法；最后，通过协同调度策略，进一步总结调度规律，提取调度规则，用于指导跨流域调水工程的实际运行。该协同调度模式的优点在于，在调水决策制订过程中，考虑泵站提水、水库调蓄、隧洞输水等各环节，通过全过程耦合贯通的调度建模方式，使数学模型尽可能贴近实际调水过程，从而最大限度地挖掘工程潜力、提高工程综合效益。

模拟和优化是研究水库调度问题的两种基本方法。尤其是对于复杂水资源系统，通过模拟调度研究，可以定量评估系统运行性能的本底值，进而为优化调度奠定基础。在本章中，模拟对象是引汉济渭工程在没有补充水源条件下的跨流域水资源运行过程。引汉济渭工程运行的主体是调水区规划的两座水库，即黄金峡水库和三河口水库。调水区的水库共同承担了向受水区调水的任务，主要解决关中受水区各受水单元在2020—2030年的缺水问题。通过对引汉济渭工程运行调度研究，可为工程的实际运行提供具体的调度规则，提高工程的初期运行效率，同时为兼顾补充水源条件下引汉济渭工程的水资源调度提供技术支撑。

4.2 协同运行节点图构建及调度方案集设置

1. 协同运行节点图构建

水资源系统由供给侧子系统和需求侧子系统构成，导致不同子系统构成整个系统时具有动态和非结构化特点。由于水库来水多样性及时空分布不均、水库数目众多、需水不一致，且水库调节能力受到工程规模限制，水资源供给系统按照用户（工业、农业、生活等）、水源（径流、地下水等）以及它们之间的时空关系，通过构造供水及需水地区的水资源供需系统概化节点图，依据关键节点的水量平衡对水资源在用水单元、供给单元之间进行分配。水资源系统节点图在南水北调中线、东线水量调度模型、黄河流域水资源经济模型等得到了应用。系统节点图在水资源的宏观调配时保证调配的合理性，同时特定用户只需要关注关键节点的水量平衡，保证了微观可操作性。水资源系统节点图构建的基础为：将不同元素抽象为节点和连线构成的网络系统，通过数学模型对网络中各变量、参数和系统结构的关系进行建模，以保证模型能映射实际系统的主要特征及各组成部分之间的相互联系。本研究构建的网络节点图如图4-2所示。

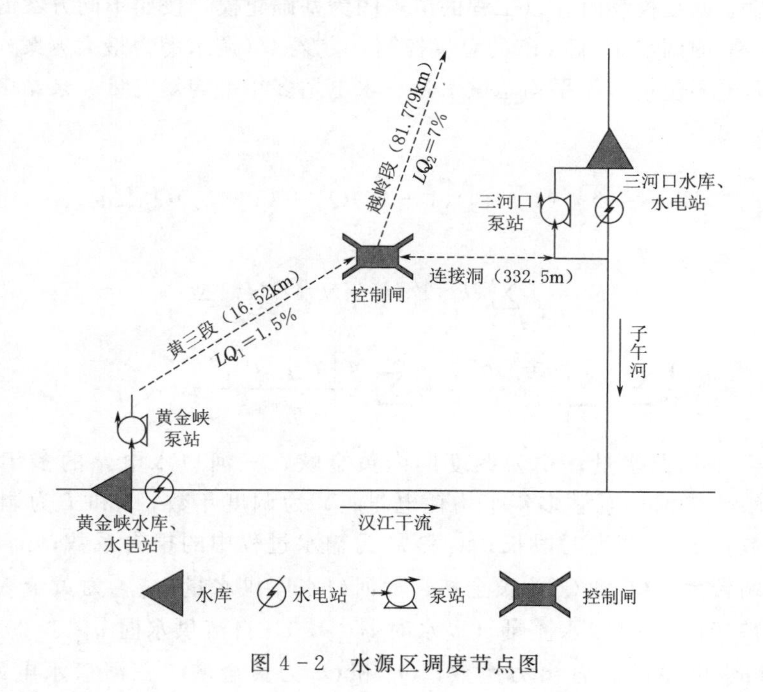

图4-2 水源区调度节点图

2. 调度方案集设置

引汉济渭工程在规划设计时，其总体布局是：以黄金峡水库供水为主，三河口水库补充供水，二者进行联动，以满足关中地区的受水需求。同时，根据国务院的批复文件可知，引汉济渭工程的调水前提是不影响南水北调中线工程和汉江水量分配。鉴于引汉济渭工程水源区水量使用的复杂性，根据受水区的需水过程，调水规模设置 4 种模拟方案，探讨不同方案下初期引汉济渭工程是否能满足调水任务以及调水的效益的情况，具体方案集见表 4-1。方案 1—方案 4 分别为过程控制调水方案、年内动态调水方案、年内均匀调水方案、调水潜力最大方案。

表 4-1　　调度方案集设定

方案	方案介绍
1	根据规划提供的调水过程和可调水量，严格约束调水过程和可调水量，求调度方案
2	根据规划部门提供的调水过程，严格控制各年调水量，年内调水过程按动态变化，求调度方案
3	根据规划部门提供的调水过程，严格控制各年调水量，年内调水过程按均匀变化，求调度方案
4	在调水工程规模限制下，除保证汉江生态用水外，求调水量最大的调度方案

4.3 模拟调度模型的建立

水源区优先考虑防洪、生态、供水，其次是航运、发电、泵站耗电等。在本节研究中，主要是针对调度方案集，建立跨流域调水工程运行初期模拟调度模型，探讨各方案的调度潜力。在建立调度模型时，以工程的节点图为基础建模，按照不同方案的约束进行调水，其中按多年平均调水 15 亿 m^3 的总量控制，方案 4（调水潜力最大方案）除外。

模拟的指标主要包括多年平均总供水量、水电站多年平均发电量、泵站多年平均耗电量等，分别表示为

$$W=\frac{1}{Y}\sum_{i=1}^{I}[(1-\lambda_1)(1-\lambda_2)Q_i^h+(1-\lambda_2)Q_i^s]\Delta t \tag{4-1}$$

$$E=\frac{1}{Y}\sum_{i=1}^{I}(k^hO_i^hH_i^h+k^sO_i^sH_i^s)\Delta t \tag{4-2}$$

$$P=\frac{1}{Y}\sum_{i=1}^{I}\left(\sum_{j=1}^{n_1}\frac{gq_{i,j}^h h_{i,j}^h}{\eta_j^h}+\sum_{k=1}^{n_2}\frac{g\,|q_{i,k}^s|h_{i,k}^s}{\eta_k^s}\right)\Delta t,q_{i,k}^s<0 \tag{4-3}$$

式中：W 为多年平均调水量；E 为调度期内黄金峡、三河口水电站的多年平均总发电量；P 为黄金峡、三河口泵站多年平均耗电量；Y 为调度年数；i 和 I 为调度时段编号和总调度时段数；Δt 为调度时段长；λ_1 和 λ_2 为输水过程中的损失系数；n_1 和 n_2 为黄金峡、三河口泵站台数；Q_i^h 和 Q_i^s 为黄金峡、三河口水库供水量；$q_{i,j}^h$ 为黄金峡单台泵站提水流量；$q_{i,k}^s$ 为三河口泵站提水流量（提水时 $q_{i,k}^s<0$，自流供水时 $q_{i,k}^s>0$）；k^h 和 k^s 为黄金峡、三河口水电站的综合出力系数；O_i^h 和 O_i^s 为黄金峡、三河口水电站发电流量；

H_i^h 和 H_i^s 为黄金峡、三河口水电站的发电水头；$h_{i,j}^h$ 和 $h_{i,k}^s$ 为黄金峡、三河口泵站扬程；η_j^h 和 η_j^s 为泵站转换效率系数。

模拟模型考虑的约束条件主要包括：黄金峡和三河口水库、泵站、电站特征约束；生态流量约束；输水隧洞过流能力约束。

1. 黄金峡水利枢纽特性约束

（1）水量平衡约束：

$$V_{i+1}^h - V_i^h = \left(I_i^h - O_i^h - \sum_{j=1}^{n_1} q_{i,j}^h \right) \Delta t \tag{4-4}$$

式中：V_{i+1}^h 为黄金峡水库第 i 时段末的库容；I_i^h 为黄金峡水库第 i 时段的平均入库流量；O_i^h 为黄金峡水库自身第 i 时段自流下泄流量；$q_{i,j}^h$ 为第 i 时段黄金峡第 j 泵站的提水流量。

（2）库容约束：

$$V_{\min}^h \leqslant V_i^h \leqslant V_{\max}^h \tag{4-5}$$

式中：$V_{\min}^h$ 和 $V_{\max}^h$ 分别为黄金峡水库第 i 时段库容下限、上限值。

（3）流量约束：

$$O_{\min}^h \leqslant O_i^h \leqslant O_{\max}^h \tag{4-6}$$

$$Q_{\min}^h \leqslant \sum_{j=1}^{n_1} q_{i,j}^h \leqslant Q_{\max}^h \tag{4-7}$$

式中：$O_{\min}^h$ 与 $O_{\max}^h$ 分别为考虑生态基流及泄流能力的黄金峡水库下泄流量下限、上限；$Q_{\min}^h$ 和 $Q_{\max}^h$ 分别为黄金峡泵站群提水流量的下限、上限。

（4）电站/泵站出力约束：

$$N_{\min}^h \leqslant k^h O_i^h H_i^h \leqslant N_{\max}^h \tag{4-8}$$

$$P_{\min}^h \leqslant \sum_{j=1}^{n_1} \frac{g q_{t,j}^h h_{t,j}^h}{\eta_j^h} \leqslant P_{\max}^h \tag{4-9}$$

式中：$N_{\min}^h$ 和 $N_{\max}^h$ 分别为黄金峡水电站出力的下限、上限值；k^h 为黄金峡电站的综合出力系数；H_i^h 为黄金峡水电站第 i 时段平均水头；$P_{\min}^h$ 和 $P_{\max}^h$ 分别为黄金峡泵站群功率下限、上限；$h_{t,j}^h$ 为泵站扬程；η_j^h 为泵站转换效率系数。

2. 三河口水利枢纽特性约束

（1）水量平衡约束：

$$V_{i+1}^s - V_i^s = \left(I_i^s - \sum_{k=1}^{n_2} q_{i,k}^s \right) \Delta t \tag{4-10}$$

式中：V_{i+1}^s 和 V_i^s 分别为三河口水库第 i 时段末、初库容；I_i^s 为三河口水库第 i 时段的入库流量；$q_{i,k}^s$ 为第 i 时段三河口第 k 泵站的提水流量，泵站提水时令 $q_{i,k}^s < 0$；水库自流供水时，令 $q_{i,k}^s > 0$。

（2）流量节点约束：

$$\sum_{k=1}^{n_2} q_{i,k}^s = Q_i^d - \sum_{j=1}^{n_1} q_{i,j}^h \tag{4-11}$$

式中：Q_i^d 为受水区第 i 时段的需水流量，当黄金峡提水流量大于受水区需水量时，将多余的水量储存在三河口水库，当黄金峡提水流量小于受水区时，不足的水量将由三河口水库继续补充。

（3）库容约束：

$$V_{\min}^s \leqslant V_i^s \leqslant V_{\max}^s \tag{4-12}$$

式中：$V_{\min}^s$ 为三河口水库第 i 时段库容下限值；$V_{\max}^s$ 为三河口水库第 i 时段库容上限值。

（4）出力/功率约束：

$$N_{\min}^s \leqslant k^s \sum_{k=1}^{n_2} q_{i,k}^s H_i^s \leqslant N_{\max}^s, q_{i,k}^s > 0 \tag{4-13}$$

$$P_{\min}^s \leqslant \sum_{k=1}^{n_2} \frac{g\,|q_{i,k}^s|\,h_{i,k}^s}{\eta_k^s} \leqslant P_{\max}^s, q_{i,k}^s < 0 \tag{4-14}$$

式中：$N_{\min}^s$ 和 $N_{\max}^s$ 分别为三河口电站出力的下限、上限值；$h_{i,k}^s$ 为泵站扬程；η_k^s 为泵站效率转化系数；$P_{\min}^s$ 和 $P_{\max}^s$ 分别为泵站群下限、上限。

3. 隧洞过流能力约束

隧洞过流能力约束为：

$$0 < Q_i^d \leqslant Q_{\max}^{sd} \tag{4-15}$$

式中：$Q_{\max}^{sd}$ 为输水隧洞的流量上限。

4.4 模型求解方法

引汉济渭工程由黄金峡水利枢纽、三河口水利枢纽、秦岭输水隧洞、输配水工程等组成。黄金峡泵站从黄金峡水库取水，抽水入秦岭输水隧洞送至关中黄池沟；当黄金峡泵站抽水流量小于关中需求时，由三河口水库下泄补充，补充水量通过坝后连接洞经控制闸进入秦岭输水隧洞；当黄金峡泵站抽水流量大于关中需求时，多余部分水量经控制闸通过三河口坝后连接洞由三河口可逆机组抽水进入三河口水库存蓄。由此可知，引汉济渭跨流域调水工程运行非常复杂，需要建立“抽-调-蓄-输”全过程耦合贯通的系统调控模式，考虑“泵站-水库-电站”协同运行调度问题。

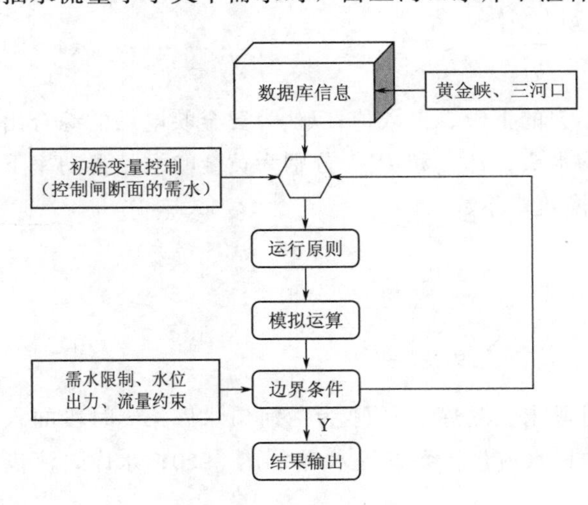

图4-3 自迭代模拟算法

调度模型求解采用自迭代模拟方法，如图4-3所示。模拟基本准则是：黄金峡水库优先供水，三河口作为辅助水库供水。具体模拟思路是：

首先，输入总调水目标、各水库的入库径流过程，根据总调水目标，计算各月需水量（除调水潜力最大方案除外）；其次，计算当前时段黄金峡水库、三河口水库的可用水量（扣除了当前生态用水），依据设定的

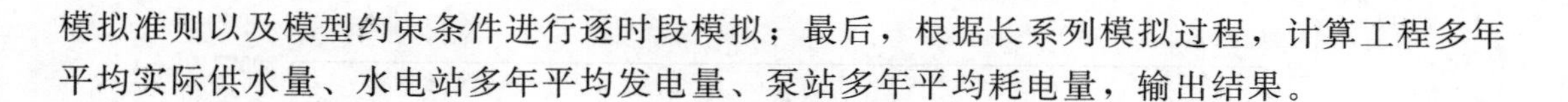

模拟准则以及模型约束条件进行逐时段模拟；最后，根据长系列模拟过程，计算工程多年平均实际供水量、水电站多年平均发电量、泵站多年平均耗电量，输出结果。

4.5 模型计算结果分析

根据建立的模拟调水模型，利用1954—2010年长系列径流资料，分别求解各调度方案，模拟黄金峡和三河口水库联合调度下，从汉江和子午河调水量过程及工程运行情况，分析长系列和典型年各方案调度结果。

4.5.1 过程控制调水方案

方案1（过程控制调水方案）是长江水利委员会制订的调水方案。通过求解模型，获得了模拟结果，其中：黄金峡和三河口的径流量与调水量关系曲线如图4-4所示；黄金峡水库和三河口水电站的发电量、耗电量如图4-5所示；三河口水库运行水位过程如图4-6所示。

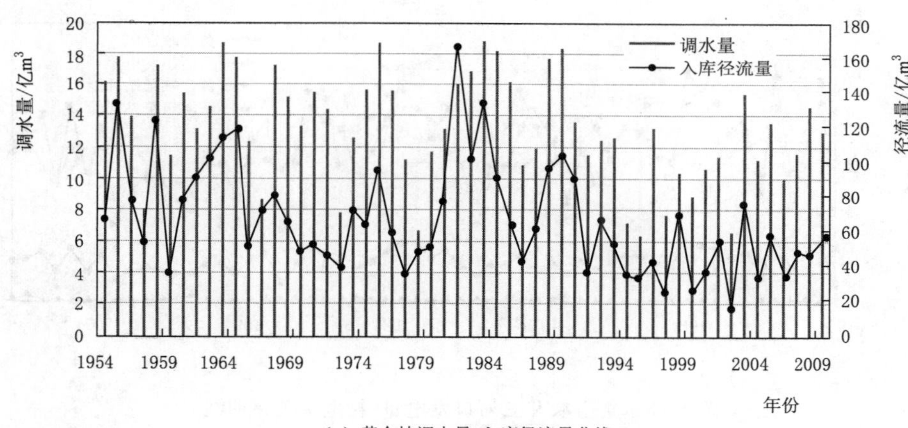

(a) 黄金峡调水量-入库径流量曲线

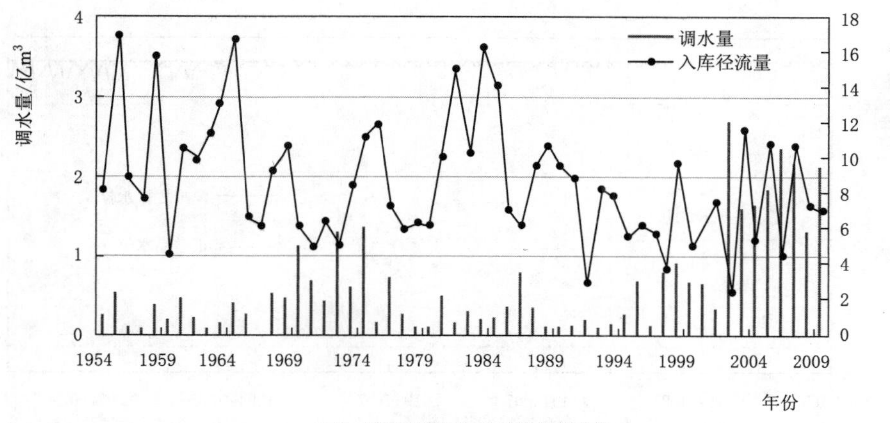

(b) 三河口调水量-入库径流量曲线

图4-4（一） 黄金峡和三河口的径流量与调水量关系曲线

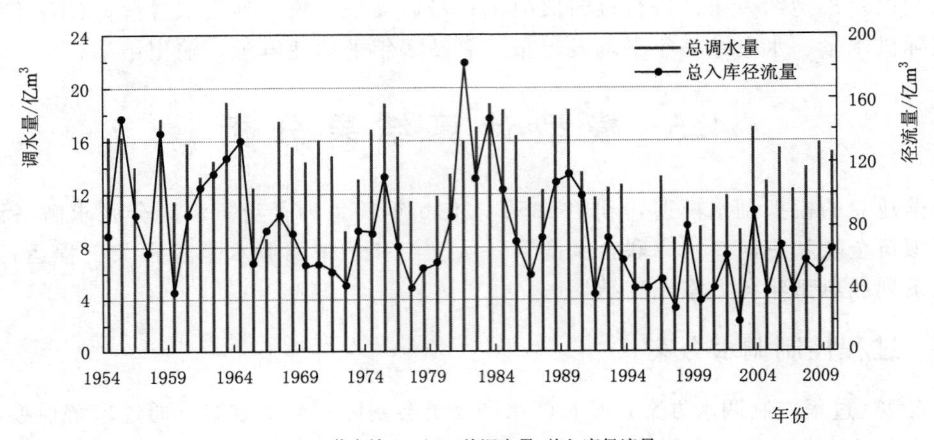

（c）黄金峡、三河口总调水量-总入库径流量

图 4-4（二）　黄金峡和三河口的径流量与调水量关系曲线

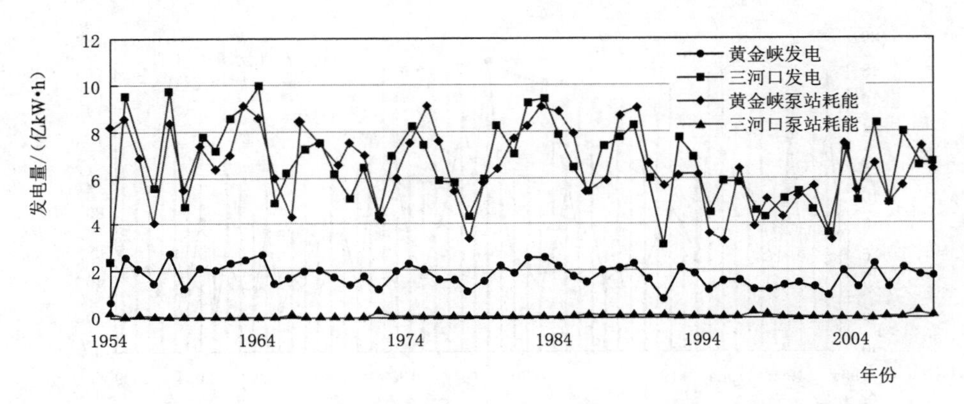

图 4-5　黄金峡和三河口发电量-耗电量关系曲线

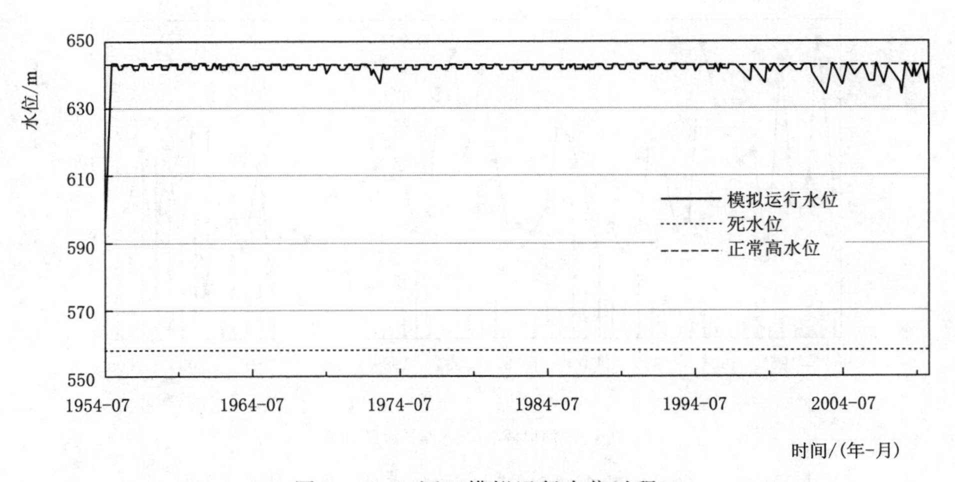

图 4-6　三河口模拟运行水位过程

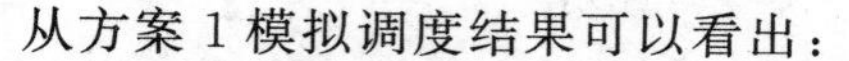

从方案 1 模拟调度结果可以看出：

（1）黄金峡水库、三河口水库的调水结果满足水量平衡方程，计算结果合理、可靠。

（2）黄金峡水库和三河口水库总共向控制闸处输水 14.51 亿 m^3，其中三河口水库输水 4.93 亿 m^3，黄金峡水库输水 9.32 亿 m^3，黄金峡水库向三河口水库补水 0.26 亿 m^3。表明在长江水利委员会规定的调水过程下，引汉济渭工程无法实现多年平均调水 15 亿 m^3 的目标。

（3）根据长系列调度结果进行统计，发现供水保证率仅为 58%，其中有 23 年调水量大于 15 亿 m^3（1963 年调水量最大，达 18.93 亿 m^3；1978 年调水量最少，仅为 6.67 亿 m^3）。表明在长江水利委员会规定的调水过程中，引汉济渭工程难以满足 95% 的供水保证率要求。

（4）该方案中调水量过程波动性较大，黄金峡水库承担主要调水任务，三河口水库贡献调水量较小，库水位波动不大。

（5）黄金峡水电站发电保证率 95%，远大于设计值 75% 要求；两水电站总发电量为 5.31 亿 kW·h。由于黄金峡水量丰沛，发电水量 40.71 亿 m^3，约占总来水量的 61%，两水库的弃水量较大，达 12.20 亿 m^3。

（6）黄金峡泵站群多年平均消耗总电量为 6.51 亿 kW·h，超出设计值 3.84 亿 kW·h 的限制。其主要原因在于黄金峡承担了大部分供水任务，由于泵站扬程高、运行效率低，导致能耗偏高。

（7）由于在调水的大部分年份中，黄金峡泵站群耗电量高于黄金峡水电站发电量，导致整个系统的净电量为负值；三河口枢纽刚好相反，各年水电站的发电量始终大于各年泵站的耗电量。

4.5.2 年内动态调水方案

方案 2（年内动态调水方案）是严格满足长江水利委员会各年调水量的约束方案，但年内调水过程不受限制，可按需要动态调整年内调水过程。求解模型获得了模拟调度结果，其中黄金峡和三河口的径流量与调水量关系曲线如图 4-7 所示，黄金峡和三河口水电站的发电量与耗电量如图 4-8 所示，三河口运行水位过程如图 4-9 所示。

从方案 2 模拟调度结果，可以看出：

（1）黄金峡水库、三河口水库的调水结果满足水量平衡方程，且与设计值相接近，计算结果合理、可靠。

（2）黄金峡水库和三河口水库总共向控制闸处输水 14.48 亿 m^3。其中三河口水库输水 4.72 亿 m^3，黄金峡水库输水 9.76 亿 m^3，黄金峡水库向三河口水库补水 1.01 亿 m^3。表明在长江水利委员会规定的调水过程下，引汉济渭工程无法实现多年平均调水 15 亿 m^3 的目标。

（3）根据长系列调度结果进行统计，发现供水保证率为 85%，56 年中有 31 年调水量超过 15 亿 m^3（1955 年调水量最大，达到 21.70 亿 m^3；1978 年调水量最少，仅为

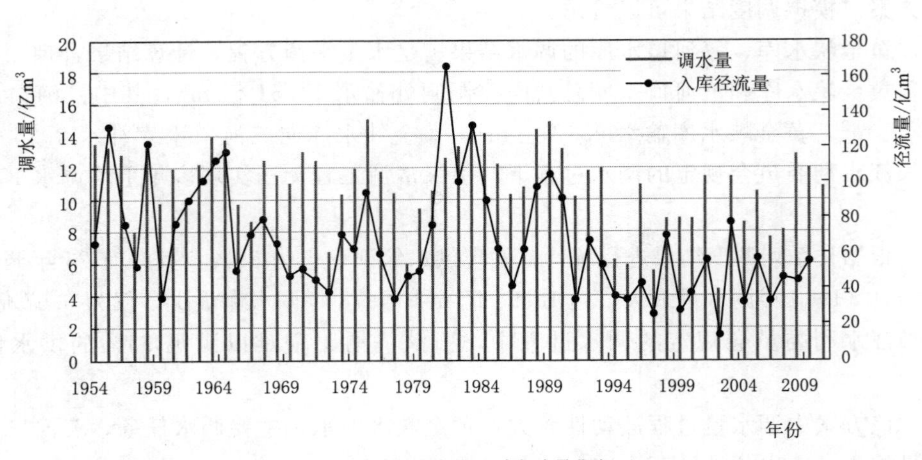

（a）黄金峡调水量-入库径流量曲线

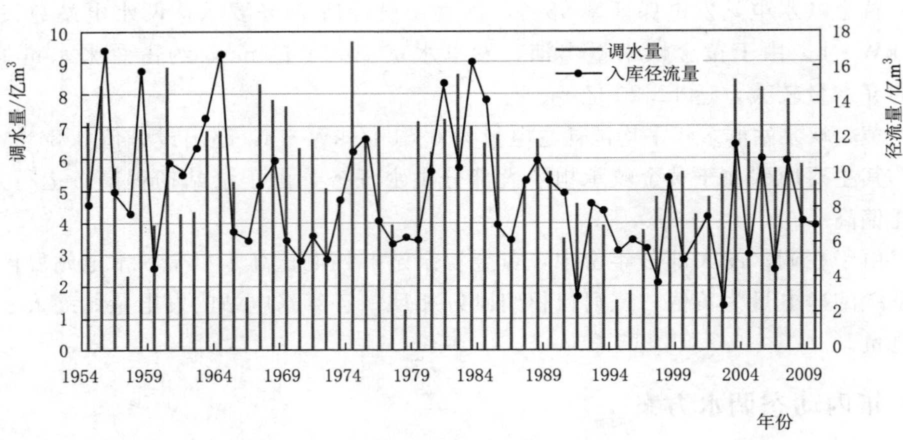

（b）三河口调水量-入库径流量曲线

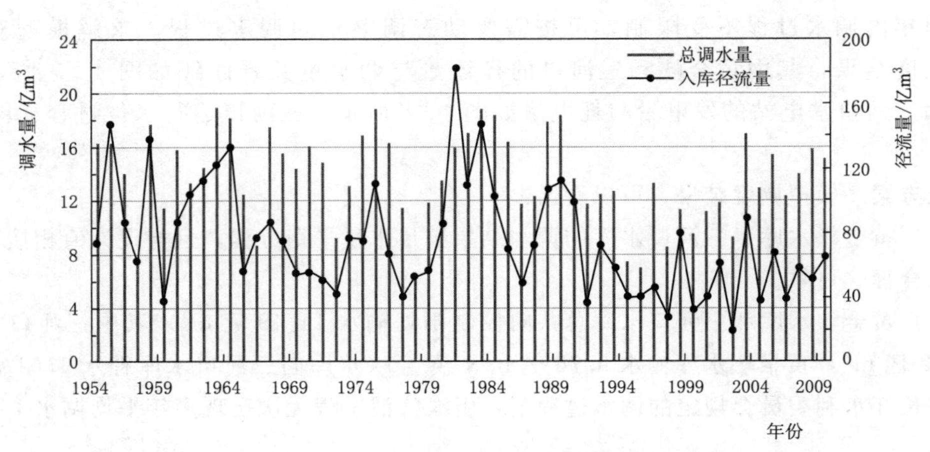

（c）黄金峡、三河口总调水量-总入库径流量

图 4-7　黄金峡和三河口的径流量与调水量关系曲线

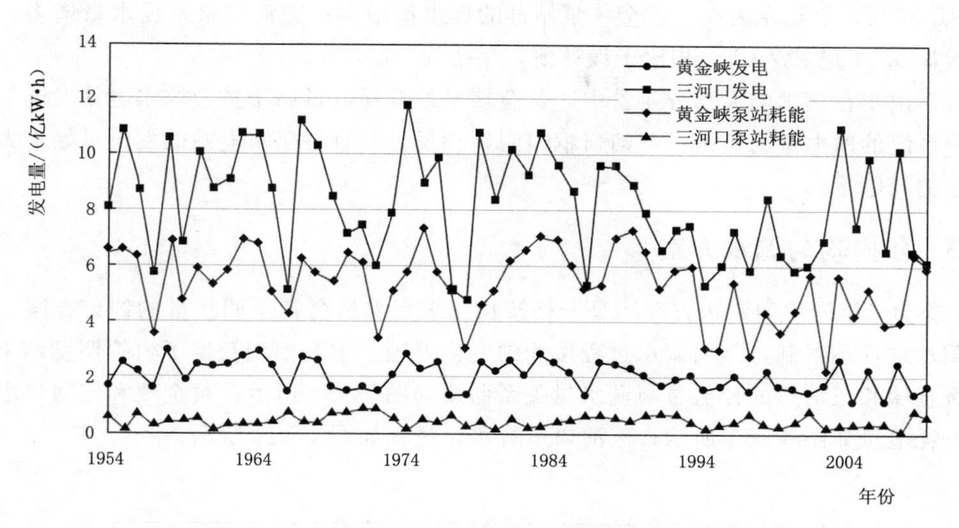

图 4-8 黄金峡和三河口发电量与耗电量关系曲线

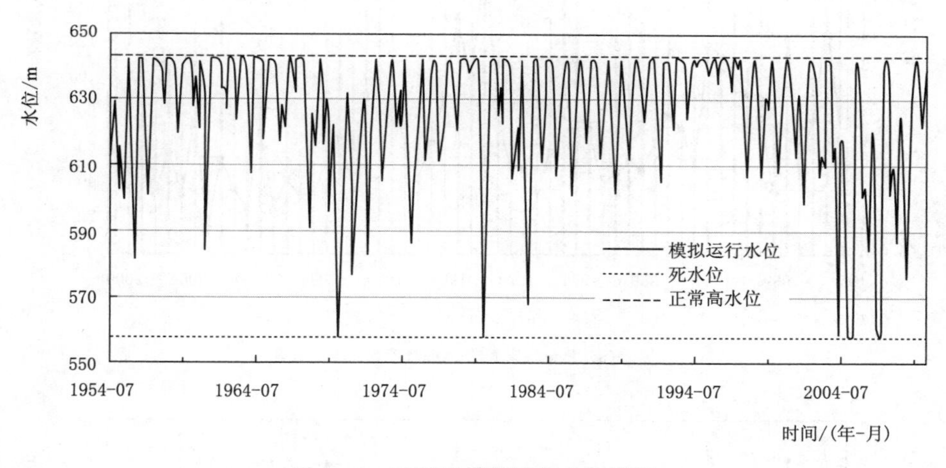

图 4-9 三河口模拟运行水位过程

6.79 亿 m^3；1978 年调水最少，为 6.79 亿 m^3）。表明在长江水利委员会规定的总量控制下，引汉济渭工程依然无法满足 95%的设计保证率要求。

（4）与方案 1（过程控制调水方案）相比，方案 2（年内动态调水方案）中三河口水位变幅增大。其原因在于：该方案下，三河口水库承担的调水负担加重，需要充分发挥其调节库容对调水过程进行调蓄，水库水量交换愈加频繁，故水位变幅增大。

（5）黄金峡水电站的发电保证率为 96%，远大于设计值 75%；同时，黄金峡和三河口两水电站的发电量超过设计值 5.19 亿 kW·h，增加了 6.55%。与方案 1 相比，黄金峡发电水量增加到 42.57 亿 m^3，约占总来水量的 64.0%，两水库弃水量变小，水资源利用率更高。

（6）黄金峡泵站群多年平均总耗电量为 4.67 亿 kW·h，相比于设计值（3.84 亿 kW·h），

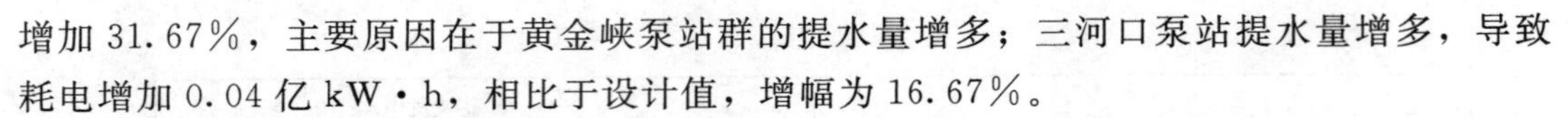

增加 31.67%，主要原因在于黄金峡泵站群的提水量增多；三河口泵站提水量增多，导致耗电增加 0.04 亿 kW·h，相比于设计值，增幅为 16.67%。

（7）由于在调水的大部分年份中，黄金峡泵站群耗电量高于黄金峡水电站发电量，导致整个系统的净电量为负值；三河口枢纽刚好相反，并且各年水电站的发电量始终大于各年泵站的耗电量。

4.5.3　年内均匀调水方案

方案 3（年内均匀调水方案）是严格按长江水利委员会各年调水量的约束方案，但是年内调水过程不限制，年内调水过程按均匀变化处理。求解模型获得了模拟调度结果，其中：黄金峡和三河口的径流量与调水量关系曲线如图 4-10 所示；黄金峡和三河口水电站的发电耗电量如图 4-11 所示；三河口运行水位过程如图 4-12 所示。

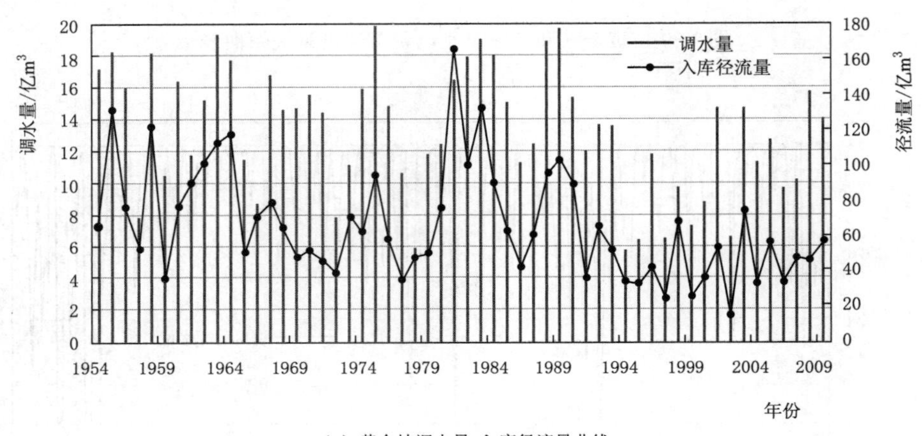

（a）黄金峡调水量-入库径流量曲线

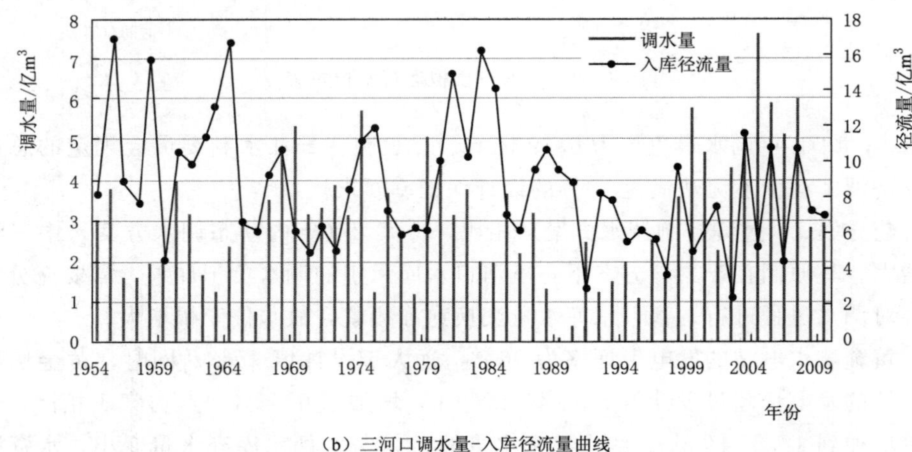

（b）三河口调水量-入库径流量曲线

图 4-10（一）　黄金峡和三河口的径流量与调水量关系曲线

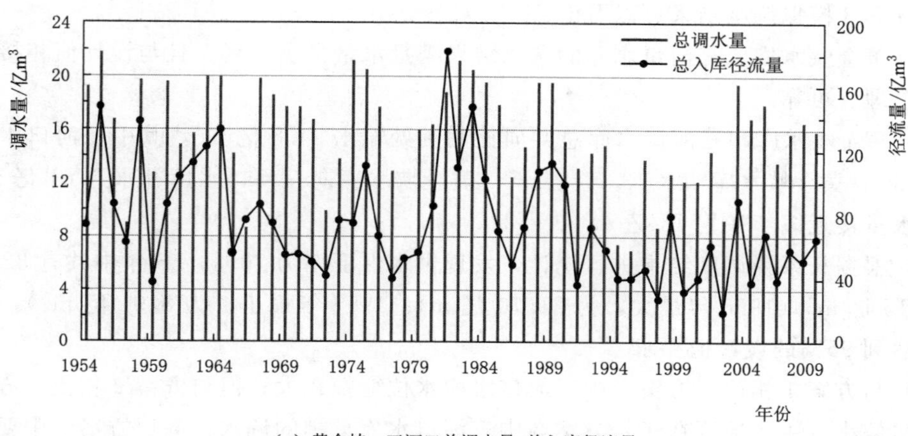

图 4-10（二） 黄金峡和三河口的径流量与调水量关系曲线

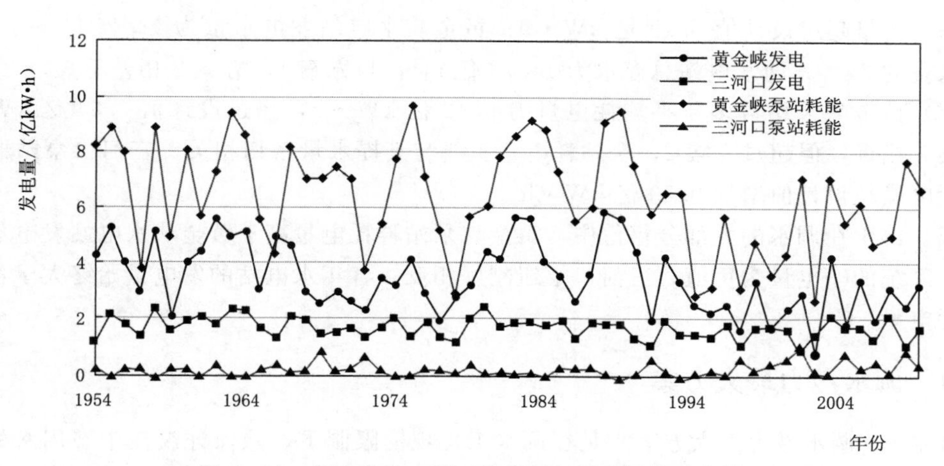

图 4-11 黄金峡和三河口发电量与耗电量关系曲线

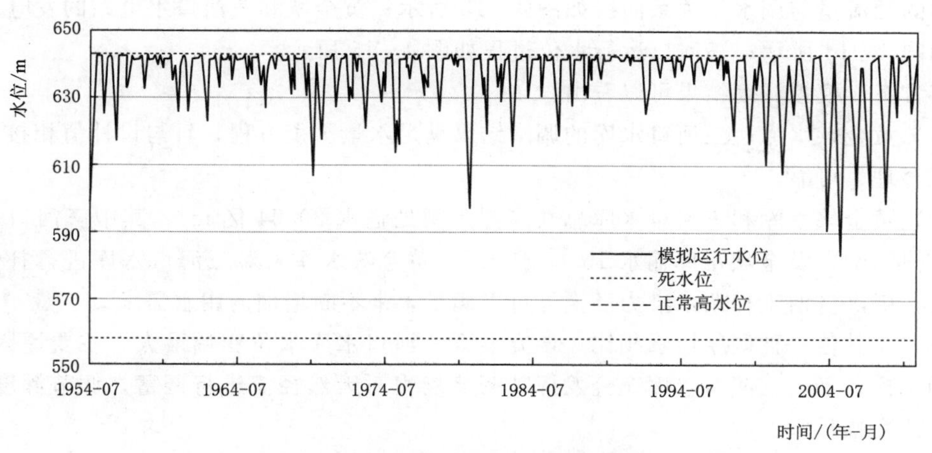

图 4-12 三河口模拟运行水位过程

由方案3模拟调度结果可以看出：

（1）黄金峡水库、三河口水库的调水结果满足水量平衡方程，且与设计值相接近，计算结果合理、可靠。

（2）黄金峡水库和三河口水库总共向控制闸处输水14.8亿m^3，其中三河口水库输水3.13亿m^3，黄金峡水库输水13.07亿m^3，黄金峡水库向三河口水库补水0.64亿m^3，工程总调水量接近多年平均15亿m^3的目标。

（3）根据长系列调度结果进行统计，发现供水保证率为70%，56年中共有32年调水量超过15亿m^3（1955年最大，为21.70亿m^3；1957年最小，为8.91亿m^3），供水保证率未达到95%的设计值要求。

（4）与方案1相比，方案3中三河口水库水位变幅较大；但与方案2相比，方案3库水位变幅偏小。主要原因在于：方案3中三河口水库承担的调水任务比方案1中要多，比方案2要少，调水任务越多，水库调节次数越多，故水位变幅也增大。

（5）黄金峡水电站发电保证率为96%，远高于设计值75%要求；黄金峡、三河口两水电站发电量超过设计值5.19亿kW·h；黄金峡水电站发电水量为42.43亿m^3，约占总来水量的64%；两水电站总弃水为14.73亿m^3，与方案1、方案2相差不大。

（6）黄金峡泵站群多年平均耗电量为6.42亿kW·h，超过设计值3.84亿kW·h，与方案1接近，但超过方案2，泵站耗电量主要与其提水量密切相关。三河口泵站群多年平均耗电量较设计值增加0.29亿kW·h。

（7）由于在调水的大部分年份中，黄金峡泵站群耗电量高于黄金峡水电站发电量，导致整个系统的净电量为负值；三河口枢纽刚好相反，各年水电站的发电量始终大于各年泵站的耗电量。

4.5.4　调水潜力最大方案

方案4（调水潜力最大方案）是在调水工程规模限制下，除保证汉江生态用水外，调水量最大的调度方案，即极限调水方案。求解模型获得了模拟调度结果，其中：黄金峡和三河口的径流量与调水量关系曲线如图4-13所示；黄金峡和三河口水电站的发电量、耗电量如图4-14所示；三河口运行水位过程如图4-15所示。

由方案4模拟调度结果可以看出：

（1）黄金峡水库、三河口水库的调水结果满足水量平衡方程，且与设计值相接近，计算结果合理、可靠。

（2）黄金峡水库和三河口水库总共向控制闸处输水20.54亿m^3，其中三河口水库输水4.93亿m^3，黄金峡水库输水15.61亿m^3，黄金峡水库未对三河口水库进行补偿。总体而言，引汉济渭工程调水潜力巨大，可以满足未来不断增加的用水需求。

（3）与其他三种调度情景相比，该方案下三河口水库水位变幅最大。主要原因在于：极限调水模式下，三河口水库充分发挥其调节能力对天然径流进行调蓄，调节深度最大，因而水位变幅最大。

（4）根据长系列调度结果进行统计，发现供水保证率为95%，56年中共有52年调水

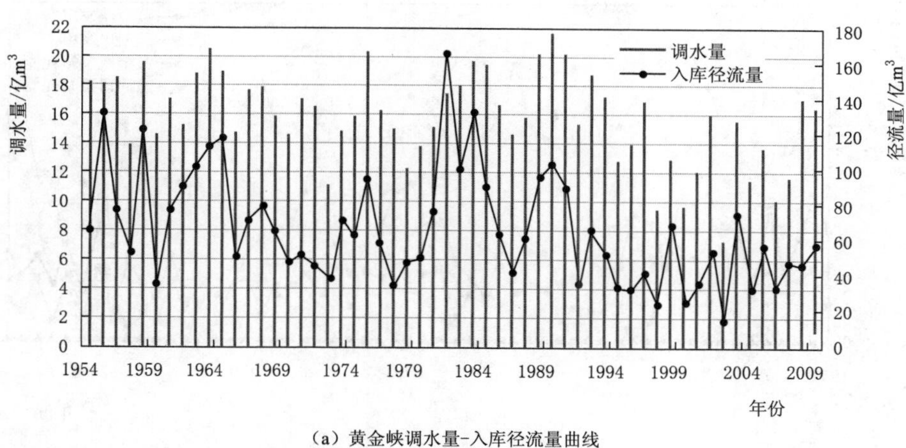

（a）黄金峡调水量-入库径流量曲线

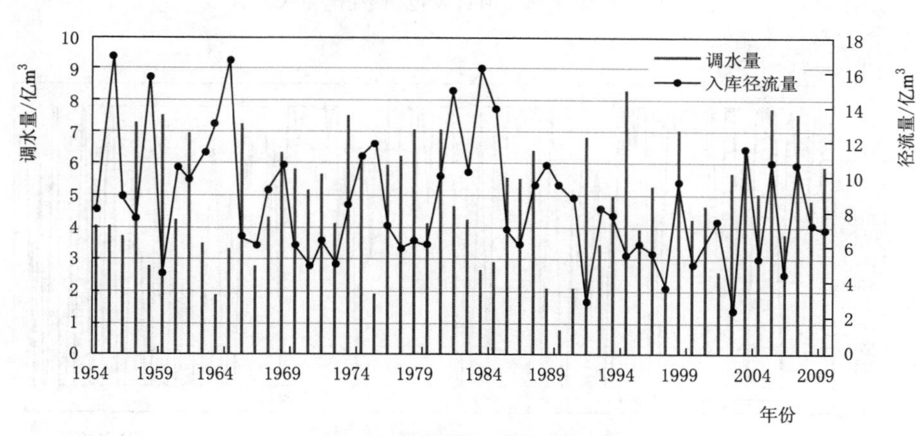

（b）三河口调水量-入库径流量曲线

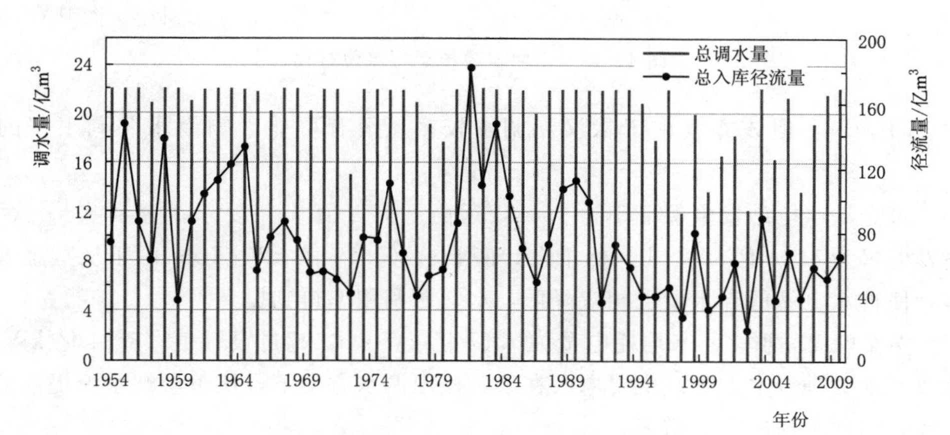

（c）黄金峡、三河口总调水量-总入库径流量

图4-13 黄金峡和三河口的径流量与调水量关系曲线

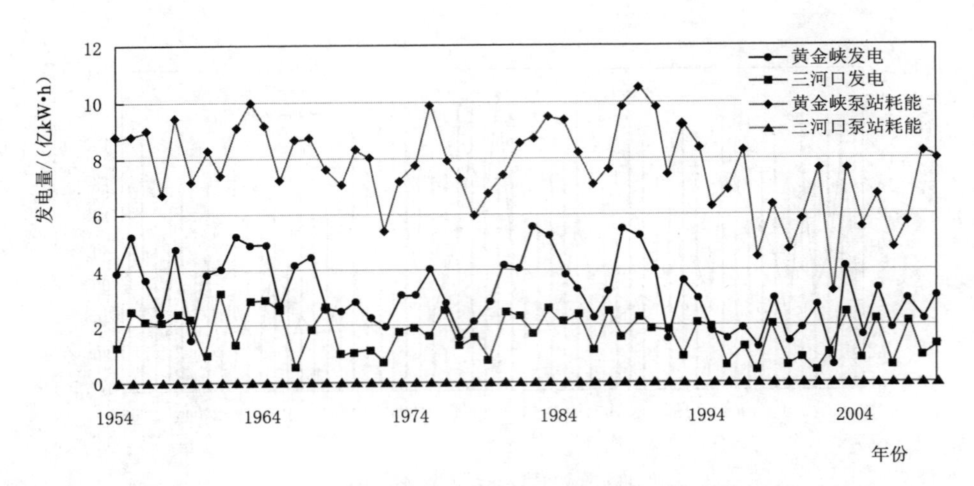

图 4-14 黄金峡和三河口发电量-耗电量关系曲线

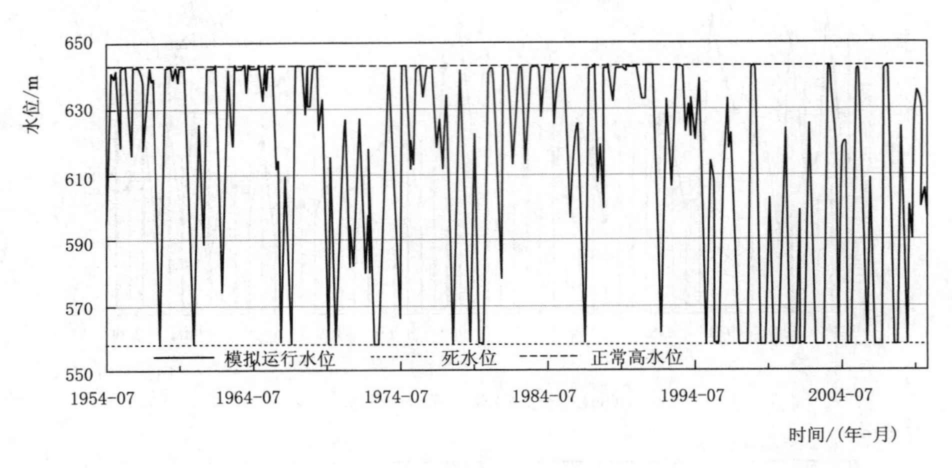

图 4-15 三河口模拟运行水位过程

量超过15亿m³，但该方案由于从汉江调水较多，很有可能影响南水北调工程的正常供水。

(5) 黄金峡水电站发电保证率为95%，远高于设计值75%要求；黄金峡、三河口两水电站发电量为5.04亿kW·h，低于设计值要求(5.19亿kW·h)；由于从黄金峡调水量增多，使得水电站的弃水量也相应降低，水资源利用率得到提升。

(6) 黄金峡泵站群多年平均耗电量为7.67亿kW·h，超过设计值(3.84亿kW·h)，同时超过其他3种调水方案。主要原因在于，极限调水方案下，从黄金峡水库提取的水量极大增大，因而消耗的电能增多。

(7) 由于在调水的大部分年份中，黄金峡泵站群耗电量高于黄金峡水电站发电量，导致整个系统的净电量为负值；三河口枢纽刚好相反，各年水电站的发电量始终大于各年泵站的耗电量。

4.6 本 章 小 结

针对引汉济渭工程运行特点，结合黄金峡水库先调水、三河口水库作为辅助的运行原则，构建模拟调度模型，采用自迭代模拟算法对模型进行求解。设置了 4 个不同调度情景，对不同调度情景进行对比分析。结果表明：在长江水利委员会的调水过程严格约束下，过程控制调水方案、年内动态调水方案、年内均匀调水方案（方案 1—方案 3）均难以达到多年平均 15 亿 m^3 的调水目标；调水潜力最大方案（方案 4）的调水量高达 20.54 亿 m^3，说明工程调水潜力巨大，但是这是一种理想的工况，可能会对国家南水北调中线工程产生较大的影响。

第5章　跨流域调水工程“泵站-水库-电站”协同优化调度研究

引汉济渭工程在远期2030年计划向关中受水区供水15亿 m^3。但是按照国务院批复的《引汉济渭工程规划设计报告》，引汉济渭工程在没有补充水源的条件下，无法达到远期15亿 m^3 的供水目标。受到汉江可利用水资源总量的限制，汉江的水资源已经无法满足引汉济渭工程未来的供水需求，因此陕西省提出建设由嘉陵江引水到汉江上游的“引嘉济汉”工程。随着引嘉济汉工程的建设，引汉济渭工程将由3个水源来共同完成供水任务，其运行调度更加复杂。因此，本章考虑有“引嘉济汉”的“引汉济渭”跨流域调水工程正常运行期优化调度，从而为确定“引嘉济汉”工程规模、制定工程正常运行期的调度规则奠定基础。

5.1　嘉陵江可调水量分析及调水方案设置

5.1.1　嘉陵江可调水量分析

引嘉济汉工程初步确定的取水口在嘉陵江干流略阳断面，本节以取水口1954—2010年的长系列来水过程为准，综合考虑生态需水和引水量的关系来分析可调水量。根据《嘉陵江流域综合规划》，嘉陵江取水口多年平均来水量为34.2亿 m^3，其上游河段2030水平年的强化节水方案耗水量为0.6亿 m^3，占取水口来水量的1.75%。略阳取水口位于嘉陵江上游，降水量丰富，人类活动对径流的影响较小。目前，相关政策法规要求河道需要保证一定的生态基流，在扣除下游生态需水后进行可调水量分析。表5-1为陕西省水资源调查评价中嘉陵江水资源相关数据。

表5-1　陕西省嘉陵江地表水资源可利用水量统计表

水系名称	水文站	控制流域面积 /km^2	多年平均地表水量 /亿 m^3	最小生态需水量 /亿 m^3	冲沙输沙需水量 /亿 m^3	未利用洪水量 /亿 m^3	控制站地表水可利用量 /亿 m^3	全流域地表水可利用量 /亿 m^3	全流域水资源可利用率 /%
嘉陵江	略阳	19206	36.6	5.5	4.0	17.8	13.4	16.6	18.2

略阳取水口可利用水资源量为13.4亿 m^3。该可利用水资源量为总体水量，可调水量需要扣除略阳取水口以上地区消耗的水量和河道下游的生态需水。本研究中需要保证的生态流量为21.6m^3/s，占到多年平均径流量的20%。嘉陵江干流略阳取水口调水量见表5-2。综合考虑以上结果，如果可调水量限制为取水口径流量的20%，即6.8亿 m^3，按照

《嘉陵江流域综合规划》中的结果，嘉陵江取水口可利用水量为径流量的30%，嘉陵江略阳取水口多年平均可调水量约为10.3亿m^3。同时，根据引汉济渭工程规划设计报告中1954年7月至2010年6月56年长系列联合调节计算结果显示，引汉济渭工程控制闸处调水15亿m^3供水具有不均匀性。引汉济渭工程最大年调水量为19.4亿m^3，最小年调水量为7.7亿m^3，最大年调水量是最小年调水量的2.5倍。为提高引汉济渭工程供水过程的均匀性，满足工程要求调水量水15亿m^3，引嘉济汉工程当在略阳取水口的实际调水量为7.3亿m^3。

表5-2 嘉陵江干流略阳水文站可调水量分析表

类别	多年平均	单位
天然来水	34.2	亿m^3
2030耗水	0.6	亿m^3
生态基流	8.0	亿m^3
可调水量	25.6	亿m^3

综上所述，在考虑上游耗水和下游生态用水后，结合引汉济渭工程需水，略阳取水口的可调水量为多年平均6.8亿～10.3亿m^3。

5.1.2 引嘉济汉调水方案设置

依据嘉陵江径流来水在不同频率条件下的可引流量、可调水量，在保证下游生态需水得到满足的要求下，引嘉济汉工程向汉江调水方案见表5-3。

表5-3 调水方案设置

方案	可引流量/(m^3/s)	可调水量/亿m^3	多年平均出现天数/d	频率/%
1	10	2.37	296.2	81.1
2	20	4.32	203.6	55.8
3	30	5.91	167.1	45.7
4	40	7.23	142.1	38.9
5	50	8.38	124.1	34.0
6	60	9.38	108.6	29.7
7	70	10.26	96.2	26.3
8	80	11.05	85.9	23.5
9	90	11.75	77.2	21.1
10	100	12.38	70.1	19.2
11	110	12.96	63.3	17.3
12	120	13.48	57.6	15.8
13	130	13.95	52.5	14.4
14	140	14.39	48.1	13.2
15	150	14.79	44.5	12.2
16	>160		41.2	11.3

基于表5-3，可确定嘉陵江取水口调水流量，按照最大频率的引水流量，嘉陵江向引汉济渭工程补水为多年平均2.37亿m^3，达不到工程修建目的；在工程设计条件下的可

引流量 $40m^3/s$，嘉陵江向引汉济渭工程补水为多年平均 7.23 亿 m^3，达到了新水源作为引汉济渭工程补充水源目标；若引水流量为 $70m^3/s$，可调水量为 10.26 亿 m^3，但是满足频率较低，同时引嘉济汉工程修建规模过大。

依据以上的调水量和来水频率关系综合分析，在满足引汉济渭工程新水源要求的同时充分利用嘉陵江水量，本书设置了不同的引水流量，将该引水流量与汉江干流天然来水过程进行叠加，重新构成新水源条件下黄金峡水库入库流量。为充分利用嘉陵江水资源且最大程度降低调水对嘉陵江下游生态环境的不利影响，需要对最优调水量进行充分论证。

5.2　基于嘉陵江调水的水库群正常运行期优化调度模型建立

考虑“引嘉济汉”新水源，以黄金峡水库供水为主、三河口水库进行补偿调节，建立“泵站-水库-电站”协同优化调度模型，为制定正常运行期的跨流域调水工程调度规则以及多年调节水库三河口水库年末水位消落规律提供分析依据。在构建优化调度模型时，引嘉济汉工程调水过程参考该工程初设报告。通过在有引嘉济汉新水源的条件下，优化引汉济渭工程的调水过程，以减小引汉济渭工程向关中地区供水过程的年际差异，同时提高供水保证率、降低缺水指数。

5.2.1　新水源条件下引汉济渭调水区节点图

构建引嘉济汉新水源条件下的节点图，在引汉济渭工程现有节点图的基础上增加包含新水源的要素，如图 5-1 所示。

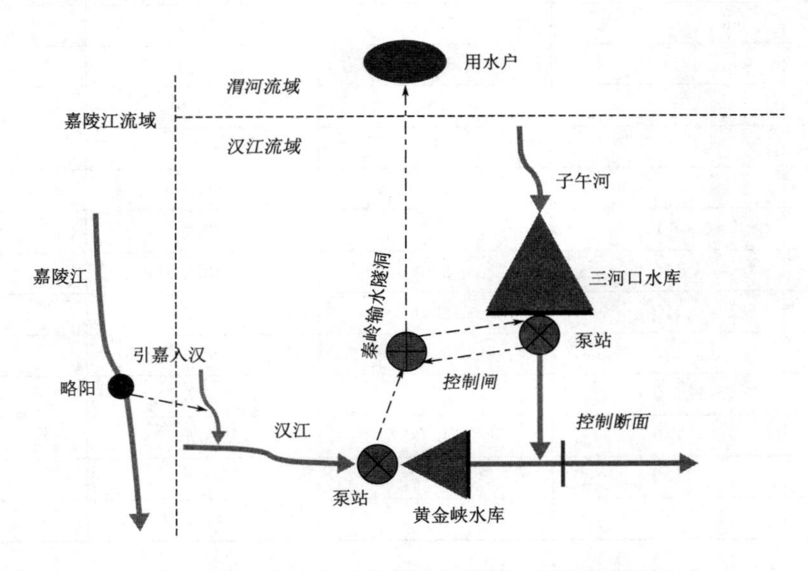

图 5-1　有新水源条件下引汉济渭工程调度节点图

5.2.2 优化调度模型构建

本节分别建立时段平均缺水率最小和调水量最大两个优化模型，具体目标函数、约束条件如下：

1. 目标函数

(1) 时段平均缺水率最小模型。

$$\min F=\frac{1}{I}\sum_{i=1}^{I}\left[\frac{\max(Q_i^d-Q_i^a,0)}{Q_i^d}\right]\times 100 \tag{5-1}$$

$$Q_i^a=(1-\lambda_1)(1-\lambda_2)Q_i^h+(1-\lambda_2)Q_i^s \tag{5-2}$$

式中：F 为整个调度期内平均缺水率；Q_i^a 为黄金峡和三河口水库在控制闸处的供水流量；Q_i^d 为受水区的需水流量；i 和 I 分别为调度时段编号和总调度时段数。

(2) 调水量最大模型：

$$\max W=\frac{1}{Y}\sum_{i=1}^{I}\left[(1-\lambda_1)(1-\lambda_2)\sum_{j=1}^{n_1}q_{i,j}^h+(1-\lambda_2)\sum_{k=1}^{n_2}|q_{i,k}^s|\right]\Delta t \tag{5-3}$$

式中：Δt 为调度时段长；λ_1 和 λ_2 分别为输水过程中的损失系数；n_1 和 n_2 为黄金峡、三河口泵站台数；$q_{i,j}^h$ 为黄金峡单台泵站提水流量；$q_{i,k}^s$ 为三河口泵站提水流量（提水时 $q_{i,k}^s<0$，自流供水时 $q_{i,k}^s>0$）。

2. 约束条件

模型考虑的约束条件主要包括：黄金峡和三河口水库、泵站、电站特征约束；生态流量约束；输水隧洞过流能力约束。

(1) 黄金峡水利枢纽特性约束。

1) 水量平衡约束：

$$V_{i+1}^h-V_i^h=\left[I_i^h-O_i^h-\sum_{j=1}^{n_1}q_{i,j}^h\right]\Delta t \tag{5-4}$$

式中：V_{i+1}^h 为黄金峡水库第 i 时段末的库容；I_i^h 为黄金峡水库第 i 时段的平均入库流量；O_i^h 为黄金峡水库自身第 i 时段自流下泄流量；$q_{i,j}^h$ 为第 i 时段黄金峡第 j 泵站的提水流量。

2) 库容约束：

$$V_{\min}^h\leqslant V_i^h\leqslant V_{\max}^h \tag{5-5}$$

式中：$V_{\min}^h$ 和 $V_{\max}^h$ 分别为黄金峡水库第 i 时段库容下限、上限值。

3) 流量约束：

$$Q_{\min}^h\leqslant Q_i^h\leqslant Q_{\max}^h \tag{5-6}$$

$$Q_{\min}^h\leqslant\sum_{j=1}^{n_1}q_{i,j}^h\leqslant Q_{\max}^h \tag{5-7}$$

式中：$O_{\min}^h$ 与 $O_{\max}^h$ 分别为黄金峡水库下泄流量下限、上限；$Q_{\min}^h$ 和 $Q_{\max}^h$ 分别为黄金峡泵站群提水流量的下限、上限。

4）电站/泵站出力约束：

$$N_{\min}^{h} \leqslant k^{h} O_{i}^{h} H_{i}^{h} \leqslant N_{\max}^{h} \tag{5-8}$$

$$P_{\min}^{h} \leqslant \sum_{j=1}^{n_1} \frac{g q_{t,j}^{h} h_{t,j}^{h}}{\eta_{j}^{h}} \leqslant P_{\max}^{h} \tag{5-9}$$

式中：$N_{\min}^{h}$ 和 $N_{\max}^{h}$ 分别为黄金峡水电站出力的下限、上限值；k^{h} 为黄金峡电站的综合出力系数；H_{i}^{h} 为黄金峡水电站第 i 时段平均水头；$P_{\min}^{h}$ 和 $P_{\max}^{h}$ 分别为黄金峡泵站群功率下限、上限；$h_{t,j}^{h}$ 为泵站扬程；η_{j}^{h} 为泵站转换效率系数。

（2）三河口水利枢纽特性约束。

1）水量平衡约束：

$$V_{i+1}^{s} - V_{i}^{s} = \left(I_{i}^{s} - \sum_{k=1}^{n_2} q_{i,k}^{s} \right) \Delta t \tag{5-10}$$

式中：V_{i+1}^{s} 和 V_{i}^{s} 分别为三河口水库第 i 时段末、初库容；I_{i}^{s} 为三河口水库第 i 时段的入库流量；$q_{i,k}^{s}$ 为第 i 时段三河口第 k 泵站的提水流量，泵站提水时令 $q_{i,k}^{s}<0$；水库自流供水时，令 $q_{i,k}^{s}>0$

2）流量节点约束：

$$\sum_{k=1}^{n_2} q_{i,k}^{s} = Q_{i}^{d} - \sum_{j=1}^{n_1} q_{i,j}^{h} \tag{5-11}$$

式中：Q_{i}^{d} 为受水区第 i 时段的需水流量，当黄金峡提水流量大于受水区需水量时，将多余的水量储存在三河口水库，当黄金峡提水流量小于受水区时，不足的水量将由三河口水库继续补充。

3）库容约束：

$$V_{\min}^{s} \leqslant V_{i}^{s} \leqslant V_{\max}^{s} \tag{5-12}$$

式中：$V_{\min}^{s}$ 为三河口水库第 i 时段库容下限值；$V_{\max}^{s}$ 为三河口水库第 i 时段库容上限值。

4）出力/功率约束：

$$N_{\min}^{s} \leqslant k^{s} \sum_{k=1}^{n_2} q_{i,k}^{s} H_{i}^{s} \leqslant N_{\max}^{s}, q_{i,k}^{s} > 0 \tag{5-13}$$

$$P_{\min}^{s} \leqslant \sum_{k=1}^{n_2} \frac{g \left| q_{i,k}^{s} \right| h_{i,k}^{s}}{\eta_{k}^{s}} \leqslant P_{\max}^{s}, q_{i,k}^{s} < 0 \tag{5-14}$$

式中：$N_{\min}^{s}$ 和 $N_{\max}^{s}$ 分别为三河口电站出力的下限、上限值；$h_{i,k}^{s}$ 为泵站扬程；η_{k}^{s} 为泵站效率转化系数；$P_{\min}^{s}$ 和 $P_{\max}^{s}$ 分别为泵站群下限、上限。

（3）隧洞过流能力约束：

$$0 < Q_{i}^{d} \leqslant Q_{\max}^{sd} \tag{5-15}$$

式中：$Q_{\max}^{sd}$ 为输水隧洞的流量上限。

5.2.3　求解方法

跨流域调水工程“水库-泵站-电站”协同调度模型具有复杂、高维、非线性特征[102]。

尤其是对于有多座水库和承担多种综合利用要求的跨流域调水工程，该模型的求解难度剧增。传统的优化方法在解决这些问题时，具有结果精度无法满足需求、得不到全局最优解和面临“维数灾”等难题。随着计算机技术的进步和启发式算法的应用，越来越多的学者采用基于启发式的群体智能算法用于求解复杂水库优化调度模型。基于群体智能和生物遗传进化策略的优化算法，由于其高稳健性、高效率和能得到全局最优解等特点，在解决复杂优化调度问题时具有优势[103]。

Yang 和 Deb[104]在 2009 年通过将布谷鸟的繁殖策略抽象为数学模型，开发了启发式的布谷鸟搜索算法（Cuckoo Search，CS）。CS 搜索算法的本质是模拟布谷鸟寄生育雏鸟类的繁殖行为，通过莱维飞行（Lévy flight）增强其全局寻优能力，再采用发现概率机制来增加算法解的多样性。与传统的群体智能算法（如遗传算法 GA、粒子群算法 PSO）相比，CS 不仅搜索效率高，而且解的稳定性强。本节构建 ICS（Improved Cuckoo Search）算法求解跨流域调水工程调度模型，通过采用动态发现概率以及邻域变异策略进一步增强算法的求解效率[105]。

1. CS 算法的初始个体生成机制、更新机制的改进

初始个体生成：

$$x_i = x_{\min} + \xi(x_{\max} - x_{\min}), i \in [1, N_{pop}] \tag{5-16}$$

式中：x_i 为个体或者初始值；$x_{\max}$，$x_{\min}$分别为优化变量的上限、下限；ξ 为在 0～1 的均匀分布随机数；N_{pop} 为种群规模大小。

CS 算法的初始解为随机生成，当计算到第 t 代时，可对当前的最佳值 $x_{t,a}$ 进行邻域变异操作，如下：

$$x_{t,b} = x_{t,a} + \left[a_1 \sin\left(\frac{\pi}{2} \cdot \frac{T_{iter} - 1}{T_{\max} - 1}\right)\right] \oplus \varepsilon \tag{5-17}$$

式中：$x_{t,b}$ 为经过邻域变异扰动后的个体。

为保证最优个体遗传到下一代，须采用精英保留策略，如下：

$$x_t = \begin{cases} x_{t,a}, F(x_{t,a}) < F(x_{t,b}) \\ x_{t,b}, F(x_{t,a}) \geqslant F(x_{t,b}) \end{cases} \tag{5-18}$$

式中：$F(\#)$ 为算法的适应度值，值越小越优。

2. CS 算法中个体位置、路径更新

（1）Lévy flight 更新算子：

$$x_i^{(t+1)} = x_i^{(t)} + \alpha \oplus L(\lambda) \tag{5-19}$$

式中：$x_i^{(t)}$ 为第 i 个个体在第 t 代中的位置；$\oplus$为点对点乘法；α 为步长控制量；$L(\lambda)$ 为随机的搜索步长量。

$L(\lambda)$ 服从的分布如下：

$$L(\lambda) \sim u = t^{-\lambda}, 1 < \lambda \leqslant 3 \tag{5-20}$$

综合上面两式，Lévy flight 可改写为

$$x_i^{(t+1)} = x_i^{(t)} + \alpha_0 \frac{\phi\mu}{|\nu|^{1/\beta}} [x_i^{(t)} - x_{\text{best}}^{(t)}] \tag{5-21}$$

式中：$x_{\text{best}}^{(t)}$ 为当前种群中的最优个体；α_0 为步长控制参数。

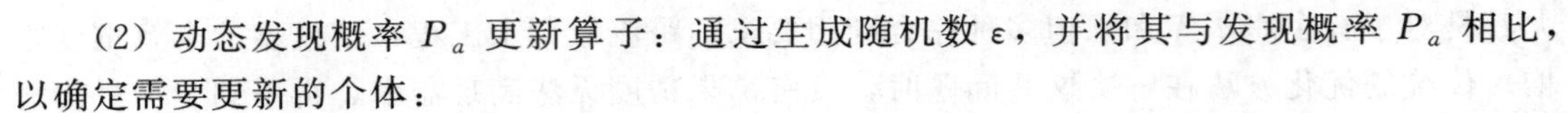

（2）动态发现概率 P_a 更新算子：通过生成随机数 ε，并将其与发现概率 P_a 相比，以确定需要更新的个体：

$$x_i^{(t+1)}=x_i^{(t)}+\gamma\times H(P_a-\varepsilon)\otimes[x_j^{(t)}-x_k^{(t)}] \tag{5-22}$$

式中：ε 和 γ 为在 0～1 服从均匀分布的随机数；$x_i^{(t)}$，$x_j^{(t)}$，$x_k^{(t)}$ 为当前种群中任意 3 个随机个体；$H(\#)$ 为赫维赛德函数。

标准的 CS 算法中发现概率 P_a 为一个定值，但在算法进化中，随着种群质量的提升，适宜的 P_a 应该是不断减小的。动态的 P_a 取值公式如下：

$$P_a=P_{a,\max}\cos\left(\frac{\pi}{2}\cdot\frac{T_{iter}-1}{T_{\max}-1}\right)+P_{a,\min} \tag{5-23}$$

综上所述，ICS 算法的计算流程图，如图 5-2 所示。

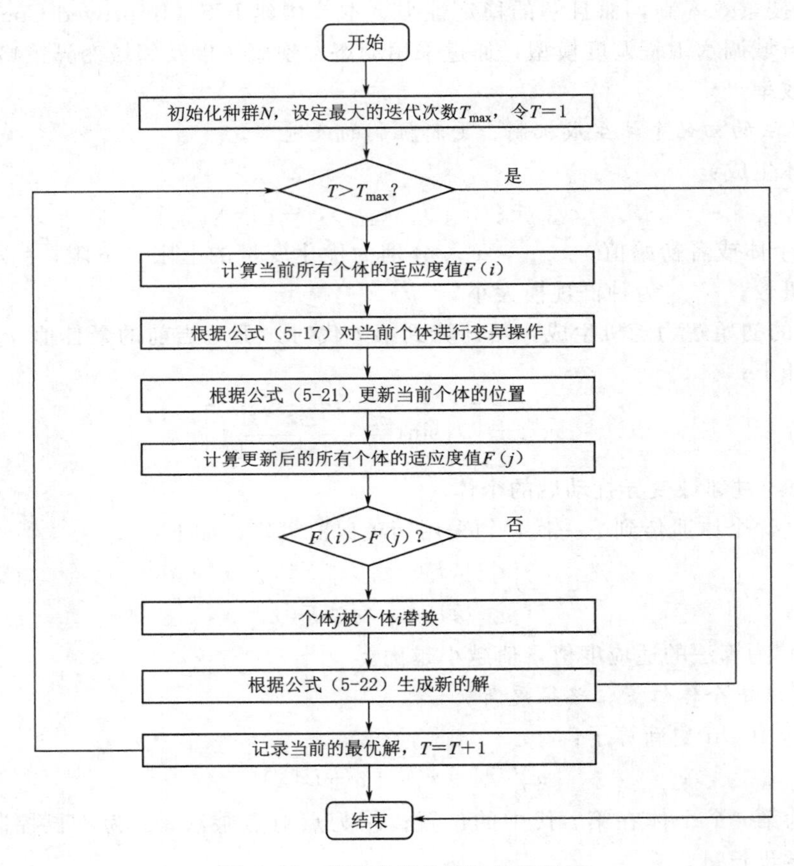

图 5-2　改进布谷鸟算法的流程图

5.3　优化调度模型求解结果分析

本节采用 ICS 算法对上述调度模型进行求解。在求解过程中，由于黄金峡水库的调节性能为日调节水库，在计算发电量时将其视为径流式水电站，采用额定水头发电。因

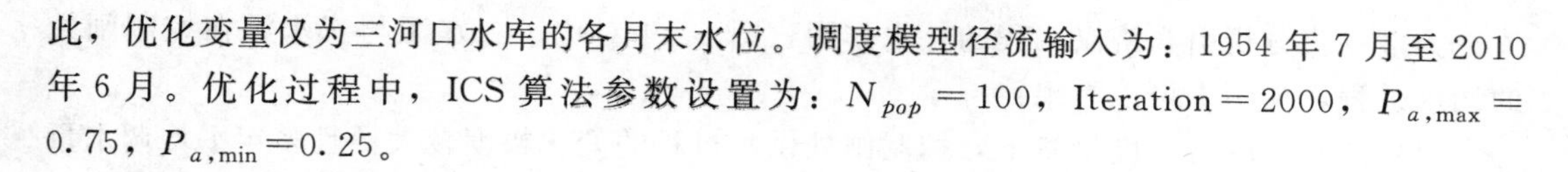

此，优化变量仅为三河口水库的各月末水位。调度模型径流输入为：1954 年 7 月至 2010 年 6 月。优化过程中，ICS 算法参数设置为：$N_{pop}=100$，Iteration＝2000，$P_{a,\max}=0.75$，$P_{a,\min}=0.25$。

5.3.1 缺水率最小模型

缺水率最小模型在新水源条件下，以长江水利委员会提供的多年平均调水量为约束条件，通过优化三河口水库月末库容，使得引汉济渭工程每年的调水量尽量接近 15 亿 m^3。对于新水源——引嘉济汉工程，暂忽略调水的年内变化，仅考虑以下 7 种多年平均调水情景：①$10m^3/s$；②$20m^3/s$；③$30m^3/s$；④$40m^3/s$；⑤$50m^3/s$；⑥$60m^3/s$；⑦$70m^3/s$。

1. 调水过程分析

将优化调度结果与两水源调水过程、长江水利委员会限制调水过程进行对比，结果见图 5-3。结合对调度结果的统计分析，可以得到：

（1）两水源联合供水条件下，即不考虑引嘉济汉工程的补水作用，引汉济渭工程多年平均调水量可以达到 15.30 亿 m^3，虽然能够满足长江水利委员会的限制调水量（15.56 亿 m^3），但是供水保证率仅为 50%（即所有调度年份中，仅有一半的年份能够满足年调水 15 亿 m^3 的要求），验证了实行三水源联合调度是非常必要的。

（2）两水源联合供水条件下，实际供水过程基本与长江水利委员会提供的限制调水过程重合，甚至部分年份超过了所规定的限制调水量。这种情况非常不利于工程的实际运行调度。一旦发生严重干旱，引汉济渭工程的供水很有可能遭到破坏，进一步说明实行三水源联合调度是非常必要的。

（3）三水源联合供水条件下，由于引嘉济汉工程的补水作用，极大缓解了引汉济渭工程自身的供水压力。在补水 $40m^3/s$ 的条件下，引汉济渭工程的限制调水过程线下移；三水源联合运行，均未突破长江水利委员会所提供的限制供水条件；当补水流量超过 $40m^3/s$ 时，总供水量超过 15 亿 m^3。

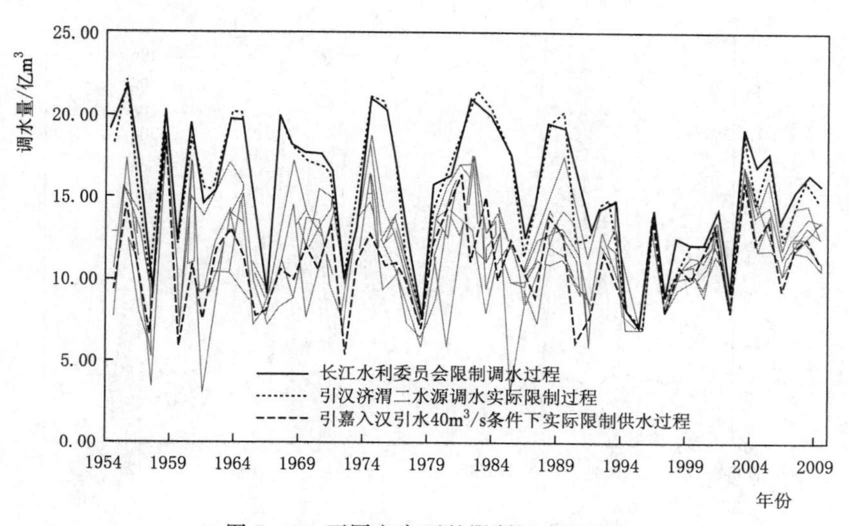

图 5-3　不同方案下的限制调水过程

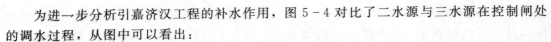

为进一步分析引嘉济汉工程的补水作用，图 5-4 对比了二水源与三水源在控制闸处的调水过程，从图中可以看出：

（1）两水源联合调度情景下，控制闸处供水过程的变化幅度较大，且多年平均调水量仅 13.83 亿 m^3，难以满足 2030 年调水目标，与引嘉济汉工程初设报告中结论基本一致；部分年份的供水量仅 6.67 亿 m^3，供水度仅为 44%，供水遭到严重破坏，不满足 GB 50013—2006《室外给水设计规范》中规定的最小供水度要求（70%）。

（2）三水源联合调度情景下，控制闸处供水过程的变化幅度较小；随着嘉陵江引水流量的增多，供水过程的变幅逐渐变小；从供水总量来看，当嘉陵江引水流量高于 $40m^3/s$ 时，可以满足多年平均 15 亿 m^3 的调水目标；当嘉陵江引水流量为 $70m^3/s$ 时，极端干旱年份供水量 12.45 亿 m^3，供水度为 83%，满足 GB 50013—2006《室外给水设计规范》中规定的最小供水度要求（70%）。

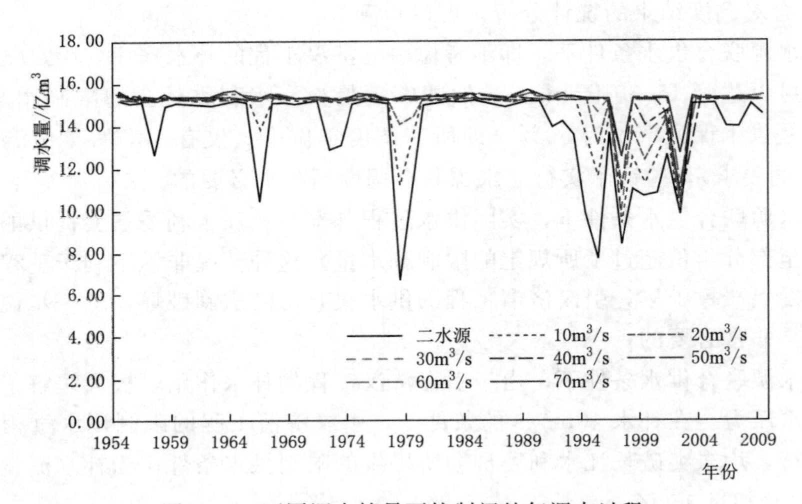

图 5-4　不同调水情景下控制闸处年调水过程

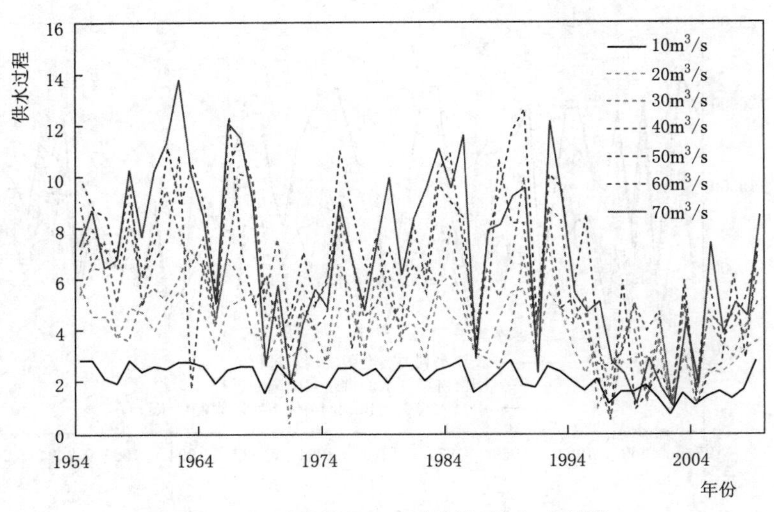

图 5-5　引嘉济汉工程实际年供水过程图

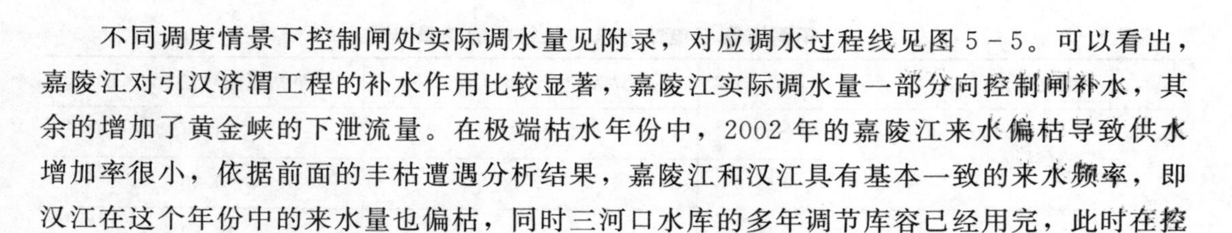

不同调度情景下控制闸处实际调水量见附录，对应调水过程线见图 5-5。可以看出，嘉陵江对引汉济渭工程的补水作用比较显著，嘉陵江实际调水量一部分向控制闸补水，其余的增加了黄金峡的下泄流量。在极端枯水年份中，2002 年的嘉陵江来水偏枯导致供水增加率很小，依据前面的丰枯遭遇分析结果，嘉陵江和汉江具有基本一致的来水频率，即汉江在这个年份中的来水量也偏枯，同时三河口水库的多年调节库容已经用完，此时在控制闸处的供水量达到了历史最低值。

2. 调度结果统计分析

（1）多年平均缺水率。引嘉济汉工程可进一步提高引汉济渭工程的可供水量。针对引嘉济汉工程不同的调水情景，统计引汉济渭工程的供水保证率，见表 5-4，对应变化趋势见图 5-6。

表 5-4　不同调水情景下多年平均缺水率

调水情景/(m^3/s)	0	10	20	30	40	50	60	70
缺水率/%	8.09	4.03	2.45	2.02	1.57	1.10	0.96	0.63

结合表 5-4 和图 5-6，可以得到：随着嘉陵江补水流量的增加，缺水率呈逐渐下降趋势；并且嘉陵江补水流量越大，缺水率下降的幅度也变小。当调水量越多时，工程供水保证率越高，但同时也增加了工程的投资成本；当调水量增加到某一阈值时，工程保证率不再继续提高或者提高的幅度很小，此时若继续增加调水量，调水的成本将会急剧增加，对于调水而言是不经济的。

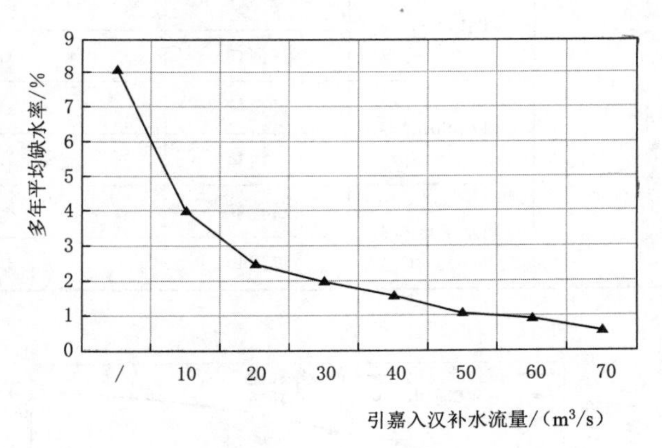

图 5-6　不同方案的平均缺水率曲线

（2）电站发电和泵站耗能分析。引嘉济汉工程通过从嘉陵江向汉江调水，除了提高引汉济渭工程的可供水量，能否进一步提高水能利用率？为论证这一结论，表 5-5 统计了黄金峡水电站、三河口电站的多年平均发电量，黄金峡泵站群和三河口泵站群的多年平均耗电量，对应变化趋势见图 5-7。可以看到：无论是两水源还是三水源，黄金峡水电站和三河口水电站的发电量均高于设计值，黄金峡泵站群和三河口泵站群耗电量均低于设计值，说明所构建的优化模型以其算法的有效性。随着调水量的增加，黄金峡泵站的能耗逐渐升高；然而，黄金峡水电站发电量、三河口水电站发电量以及三河口泵站的能耗变化不大。主要原因在于，在该情景下，黄金峡承担主要调水任务，使用泵站提水会消耗大量的电能。

表5-5　　　　不同方案下电站发电和泵站耗能结果

调度情景		名称	电站发电量/(亿kW·h)	泵站耗能/(亿kW·h)
设计值		黄金峡	3.87	3.84
		三河口	1.32	0.20
二水源		黄金峡	3.82	3.39
		三河口	1.62	0.19
三水源	调水 $10m^3/s$	黄金峡	3.91	3.91
		三河口	1.75	0.22
	调水 $20m^3/s$	黄金峡	3.95	4.44
		三河口	1.78	0.27
	调水 $30m^3/s$	黄金峡	3.97	4.65
		三河口	1.72	0.30
	调水 $40m^3/s$	黄金峡	4.02	4.99
		三河口	1.80	0.28
	调水 $50m^3/s$	黄金峡	4.01	5.19
		三河口	1.81	0.27
	调水 $60m^3/s$	黄金峡	4.04	5.31
		三河口	1.74	0.32
	调水 $70m^3/s$	黄金峡	4.05	5.44
		三河口	1.73	0.38

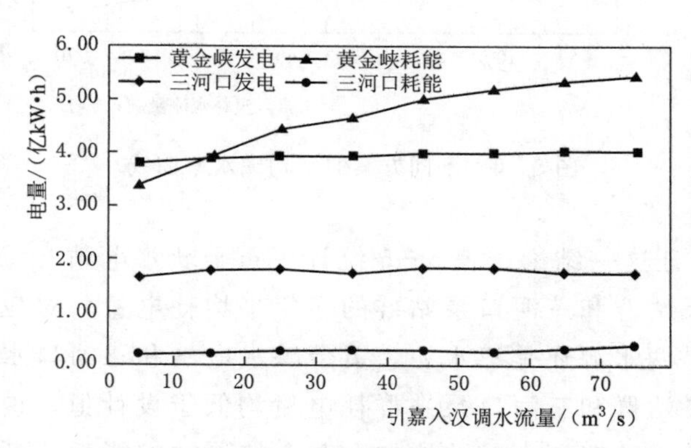

图5-7　水库的电站发电量和泵站耗能量

(3) 供水保证率的调度结果分析。本节中引嘉济汉工程与引汉济渭工程三水源正常运行的目标是：引汉济渭工程在供水保证率95%的条件下，实现多年平均调水15亿m^3。基于缺水率最小模型，得到长系列调度结果，评价指标见表5-6。

由表5-6可知：

(1) 二水源联合调度情景下，供水保证率仅为66%，且最小供水度也不满足设计要求。

(2) 三水源联合调度情景下，随着引嘉济汉工程引水量的增加，供水保证率在不断提高；当引水流量达到$50m^3/s$时，达到95%供水保证率要求，且最小供水度也明显增加。

表 5-6 三水源联合调度不同引水规模下调度结果评价

嘉陵江调水流量/(m^3/s)	限制调水量/亿 m^3	秦岭隧洞进口多年平均过流量/亿 m^3				略阳断面可供水量/亿 m^3	保证率/%	最小供水度/%	三河口水库	
		需水量	供水量	引汉济渭供水量	引嘉济汉供水量				库满率/%	库空率/%
0	15.56	15	14.00	14.00	0	0	66	45	8.0	15.3
10	15.56	15	14.63	12.49	2.13	2.35	80	63	12.5	7.6
20	15.56	15	14.90	11.14	3.76	4.36	84	69	20.7	5.2
30	15.56	15	14.99	10.60	4.39	6.07	88	70	26.0	4.0
40	15.56	15	15.08	9.36	5.72	7.51	91	72	31.7	3.0
50	15.56	15	15.19	9.29	5.89	8.78	95	74	38.4	2.1
60	15.56	15	15.22	8.62	6.61	9.89	96	84	39.0	1.3
70	15.56	15	15.29	8.46	6.83	10.87	96	84	39.6	0.9

(3) 三水源联合调度情景下，随着引嘉济汉工程引水量的增加，三河口水库的库满率提高，库空率下降，表明水库的利用率提高。

(4) 引嘉济汉调水 40m^3/s 可行性分析。为了论证引嘉济汉规划设计报告中推荐 40m^3/s 的引水规模是否合理，本节重点分析了引嘉济汉调水 40m^3/s 的调度结果。调水 40m^3/s 时，引汉济渭工程供水保证率只有 91%，没有达到 95%的要求，效益不显著。此调水规模虽然流量小，引嘉济汉供水保证率较高，工程投资小，但达不到对引汉济渭工程补水目的。在供水 40m^3/s 条件下不同水源供水过程如图 5-8 所示。由图 5-8 可知，在引嘉济汉补水 40m^3/s 的条件下，引嘉济汉工程的多年平均调水量为 5.72 亿 m^3，黄金峡水库的多年平均调水量为 5.24 亿 m^3，三河口水库的多年平均调水量为 4.14 亿 m^3。该供

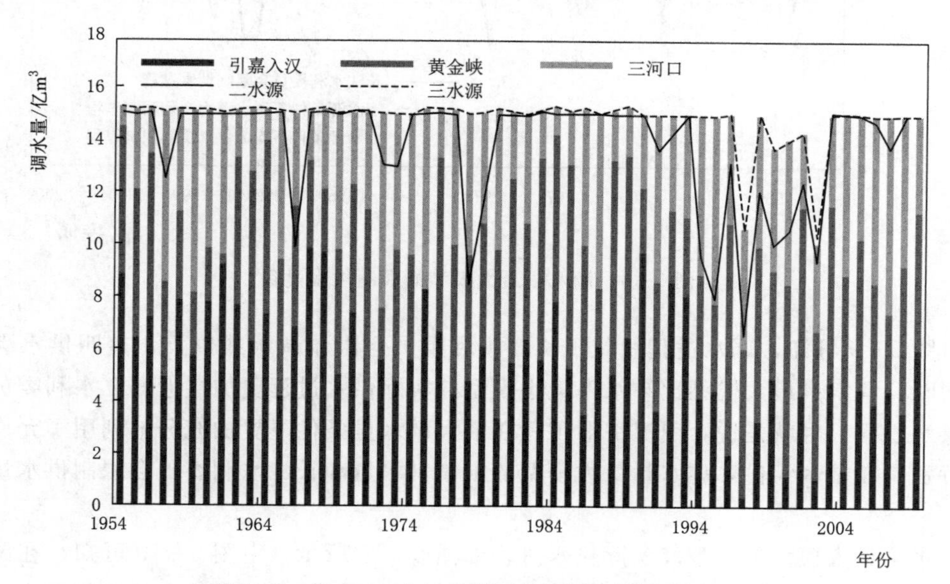

图 5-8 供水 40m^3/s 条件下的不同水源供水过程

水量相比二水源条件下的黄金峡和三河口水库供水量均有不同程度的下降，也就是说，三水源条件下引汉济渭工程充分使用了引嘉济汉的水量，增加了长委控制断面的下泄流量，使引汉济渭工程即使在受到长江水利委员会限制调水过程的情况下，调水潜力也有所增大。

5.3.2　调水量最大模型

以上缺水率最小模型是按照引汉济渭工程在控制闸处均匀供水，多年平均达到 15 亿 m^3 的条件下制定的。该模型的结论是：当引嘉济汉工程的引水规模为 $40m^3/s$ 时，不能满足供水保证率 95%的要求，需要将引水规模扩大至 $50m^3/s$，此方案与引嘉济汉工程规划设计报告中推荐的引水规模不一致。为此，本节采用调水量最大模型进行再次论证。

调水量最大模型考虑在三水源供水条件下，按引嘉济汉工程规划报告中推荐的引水规模（$40m^3/s$），其他条件同缺水率最小模型。

1. 调水过程分析

为了探究引汉济渭工程在长江水利委员会限制供水条件下的整体供水潜力，通过调水量最大模型计算，得到的调水过程曲线如图 5-9 所示。

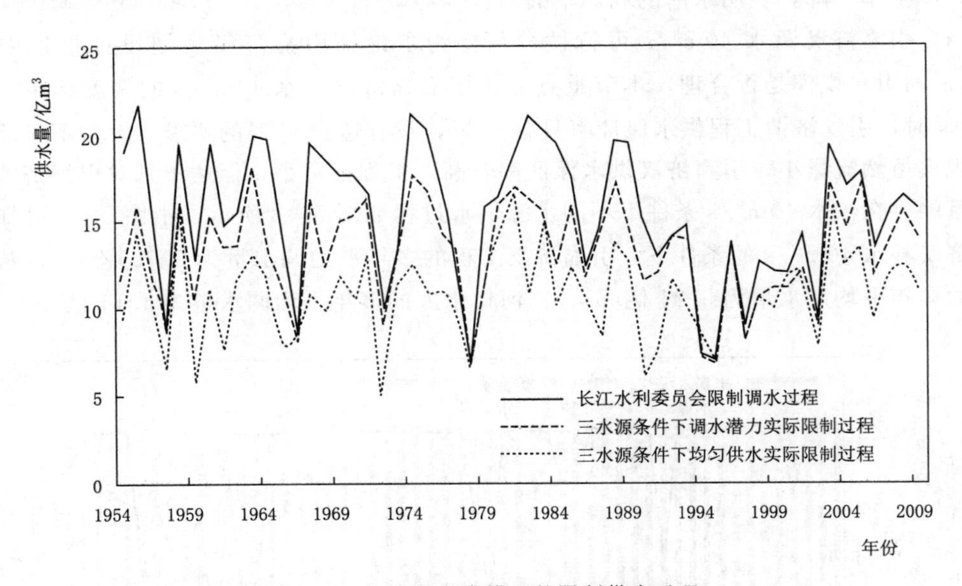

图 5-9　调水量最大模型的限制供水过程

由图 5-9 可知，调水过程线位于长江水利委员会限制调水线以下，表明供水满足要求。同时，调水量最大模型比缺水率最小模型的实际供水过程更加接近长江水利委员会的限制供水过程，也就是说，引汉济渭工程在最大调水量条件下更加充分地利用了允许调水量。特别是在枯水年份，调水量最大模型的限制供水量和长江水利委员会限制供水量基本相等。

调水量最大模型的嘉陵江实际供水过程如图 5-10 所示。由图 5-10 可知，在调水量最大模型当中，嘉陵江的实际调水量为多年平均 5.72 亿 m^3，而缺水率最小模型中嘉陵江的实际调水量为多年平均5.85亿m^3，该结果说明嘉陵江在$40m^3/s$的供水量条件下对引汉济渭工程的补水作用相对比较稳定，此时对供水起主导作用的是黄金峡水库和三河口水库。

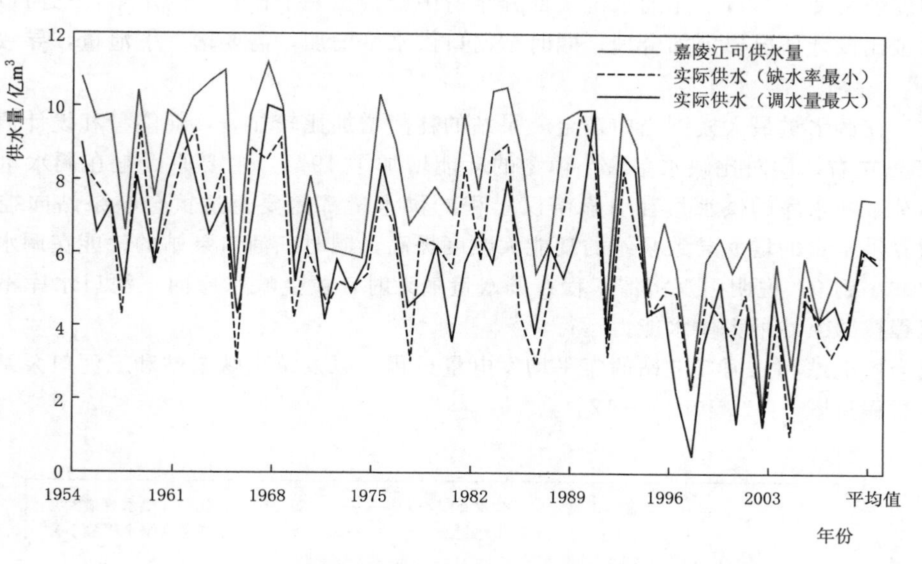

图5-10 调水量最大模型的嘉陵江实际供水过程

2. 电站发电和泵站耗能分析

表5-7对比了在嘉陵江引水流量为$40m^3/s$时，调水量最大模型和缺水率最小模型的发电量和耗电量统计结果，包括黄金峡水电站、三河口电站的多年平均发电量，黄金峡泵站群和三河口泵站群的多年平均耗电量。

表5-7 调水量最大模型的电站发电和泵站耗能结果

项目		水利枢纽	电站发电量/(亿kW·h)	泵站耗能/(亿kW·h)
设计值		黄金峡	3.87	3.84
		三河口	1.32	0.20
二水源		黄金峡	3.82	3.39
		三河口	1.62	0.19
三水源	缺水率最小模型	黄金峡	4.02	4.99
		三河口	1.80	0.28
	调水量最大模型	黄金峡	3.85	5.96
		三河口	1.65	0

由表5-7可知：

（1）在调水量最大模型当中黄金峡水库的发电量和设计值相比差别不大，说明调度结果是合理的；调水量最大模型的黄金峡水库发电量比缺水率最小模型黄金峡水库的发电量降低了5%左右，主要原因是：在调水量最大模型中黄金峡水库的来水更多的通过泵站向控制闸供水，导致下泄流量降低，电站的出力有所下降。

（2）在调水量最大模型当中三河口水库的发电量和设计值相比提高了25%，即通过优化调度模型使三河口水库的水位大部分年份中维持在一个比较高的水平，三河口水库的运行水位比设计情况要更加合理；同时三河口供水量增加，需要增大下泄量，导致发电量增加。

（3）在调水量最大模型当中黄金峡泵站的耗能增加比较显著，耗能量和设计值相比增加了55%左右，同时比缺水率最小模型的耗能增加了19%，主要原因是在调水量最大模型中，黄金峡水库的供水量和引嘉济汉工程的供水量都需要通过黄金峡泵站向控制闸输送，随着供水量的增大导致泵站的耗能大幅度提高；同时三河口泵站的耗能在调水量最大模型中减小到0，说明引汉济渭工程在调水量最大时，黄金峡水库向三河口水库不补充水量，工程按照泵站最大供水能力运行。

黄金峡电站和三河口电站的年平均发电量过程，以及黄金峡泵站和三河口泵站的年平均耗能过程见图5-11和图5-12。

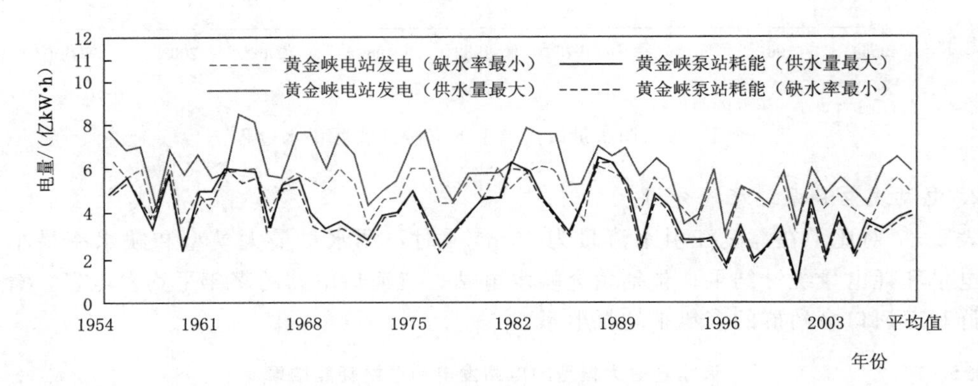

图5-11　黄金峡电站/泵站的年平均发电/耗能过程

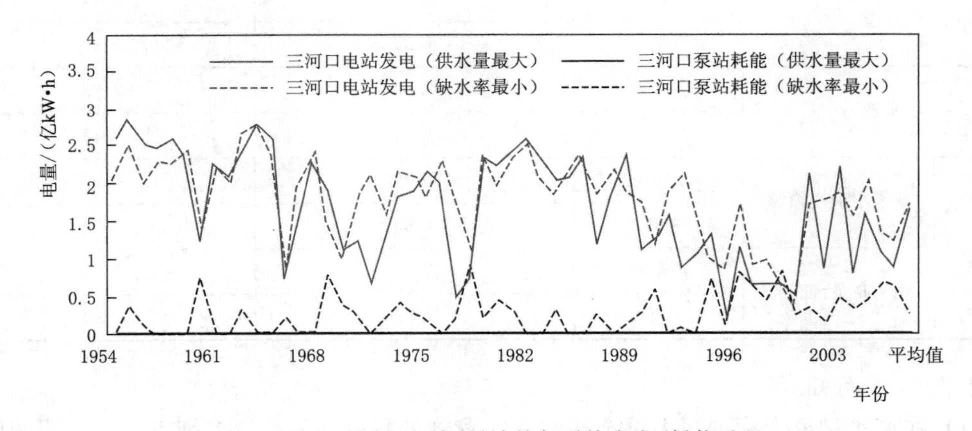

图5-12　三河口电站/泵站的年平均发电/耗能过程

由图 5-11 可知，黄金峡水库在所有年份中供水量最大模型的泵站耗能都要大于其电站发电量，导致黄金峡水库的发电量不足以补给其泵站调水的耗能；同时，调水量越大，电量的缺口也就越明显。因此，要发挥工程的远期效益，一方面应合理调度黄金峡水库的泵站和电站的运行过程，另一方面工程管理部门应当提前规划合适的补充电源，以保证黄金峡的供水用电。

由图 5-12 可知，三河口水库在所有年份中，调水量最大模型的电站发电量与缺水率最小模型 1 的发电量基本一致；同时，泵站的耗能要小于电站的发电量，说明三河口水库不需要额外的电源补充即可发挥其效益。三河口电站的剩余电量应当供给黄金峡水库，以减轻工程整体的耗能情况。

3. 引汉济渭三水源调水量最大供水过程

在三水源条件下，引汉济渭工程调水量最大模型统计结果见表 5-8。由表 5-8 可知，在有引嘉济汉补水的情况下，引汉济渭工程在远期 2030 年可以达到多年平均 19.9 亿 m^3 的最大可供水量，此时嘉陵江对引汉济渭工程的补充水量为 5.85 亿 m^3；同时，在保证长委限制供水过程下，工程的相对 15 亿 m^3 供水量保证率为 96%，最小供水度为 73%，完全满足工程设计要求。

表 5-8　　三水源调水量最大模型结果

嘉陵江调水流量 /(m^3/s)	允许调水量 /亿 m^3	秦岭隧洞进口多年平均/亿 m^3				嘉陵江可供水量 /亿 m^3	供水保证率 /%	最小供水度 /%	三河口水库	
		需水量	实际供水量	汉江供水	嘉陵江供水				库满率 /%	库空率 /%
—	15.56	15	14.00	14.00	—	—	66	45	8.0	15.3
40	15.56	22	19.90	14.05	5.85	7.51	96	73	12.5	18.9

在三水源条件下的引汉济渭工程供水量最大模型的年供水过程如图 5-13 所示。可以看出，在调水量最大模型中引汉济渭工程大部分年份中都可以满足 15 亿 m^3 的远期供水目标，且工程最大供水 22 亿 m^3 在大部分年份中也可以满足。从目前得到的结果来看，制约工程供水最大的因素为 1990 年之后的极端枯水年份，很难满足 15 亿 m^3 的调水目标，说明在未来的工程实际运行时，工程的管理者应当注意在枯水年份中水资源的合理调度，以减轻工程缺水的压力。

5.3.3 缺水率最小模型与调水量最大模型结果对比分析

缺水率最小模型结论：从水量看，引嘉济汉工程的引水规模在 40～50m^3/s 时，此时对应多年平均供水量为 5.72 亿～5.89 亿 m^3，可满足引汉济渭工程多年平均供水 15 亿 m^3 的要求。但是，从供水保证率来看，引嘉济汉工程的引水规模在 40～50m^3/s 时，供水保证率为 91%～96%。因此，引嘉济汉工程的引水规模在 40m^3/s 时，不能满足供水保证率 95%的要求，与引嘉济汉规划设计报告中推荐的 40m^3/s 的引水规模不一致。

调水量最大模型结论：引嘉济汉工程的引水规模在 40m^3/s 时，嘉陵江对引汉济渭工程的补充水量为 5.85 亿 m^3，满足了引汉济渭工程多年平均供水 15 亿 m^3 的要求；同时，在保证长委限制供水过程下，调水 15 亿 m^3 对应的供水量保证率为 96%，最小供水度为

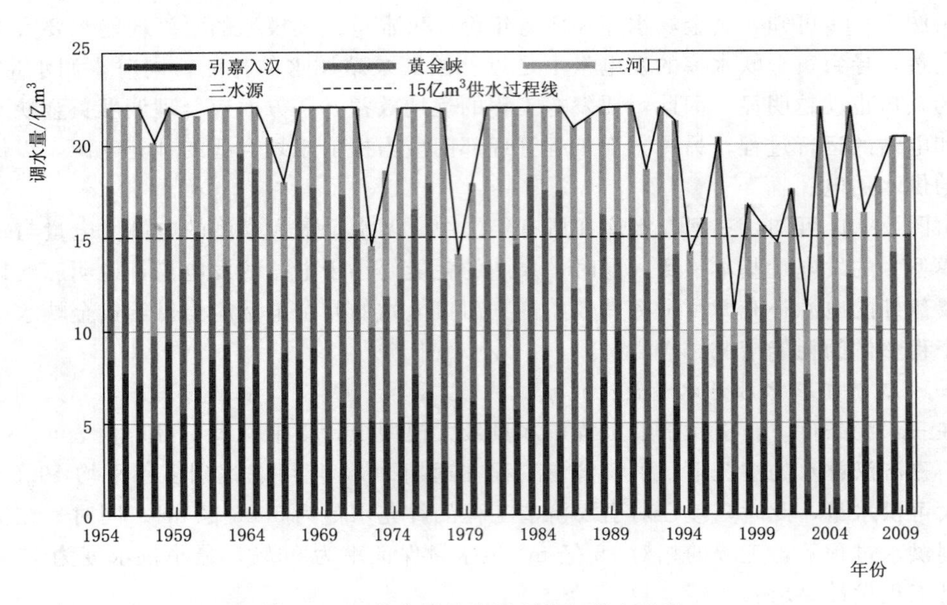

图 5-13　供水量最大模型的年供水过程

73%，完全满足工程设计要求。因此，从调水量和保证率两个方面看，调水量最大模型的计算结果满足了工程设计要求。

通过缺水率最小模型与调水量最大模型的结果比较，本节推荐调水量最大模型的计算结果和调度方案。

5.4　本　章　小　结

（1）通过设置的引嘉济汉调水方案集计算分析得出，嘉陵江在略阳断面能够提供多年平均 6.8 亿～10.3 亿 m^3 的可调水量。

（2）有“引嘉济汉”的“引汉济渭”复杂跨流域调水工程的正常运行期，调度目标选取为缺水率最小、调水量最大；建立了缺水率最小模型和调水量最大模型，采用改进的布谷鸟算法求解优化调度模型，获得了初期、正常运行期多方案优化调度策略。

（3）缺水率最小模型中，引嘉济汉工程的引水规模在 $40m^3/s$ 时，不能满足供水保证率 95%的要求，与引嘉济汉规划设计报告中推荐的 $40m^3/s$ 的引水规模不一致；调水量最大模型中，引嘉济汉工程引水 $40m^3/s$ 时，满足引汉济渭工程的设计要求。本节推荐调水量最大模型的调度方案。

第6章　跨流域调水工程“泵站-水库-电站”协同调度规则研究

根据第5章建立的多模型、多情景分析，确定引汉济渭工程的长系列最优调度方案。根据调度结果和方案，制定调水系统的优化调度规则，包括联合调度图、调度函数以及多年调节水库年末消落水位控制方程。

6.1　运行调度图编制

调度图是以水位或库容为纵坐标，以时间为横坐标，通过多条指示线将水位或库容划分成若干决策区域的一种图形。由于调度图具有物理意义明确、形式直观等优点，得到了广泛的研究和应用，在水库调度实践中具有很高的认可度。在规划设计阶段，多采用时历法编制水库调度图。在绘制跨流域水库群调度图时，首先应该明确多水源联合运行条件以及调度基本原则，再根据前面的研究成果并结合规划报告，黄金峡、三河口水库运行条件及调度原则如下所述。

6.1.1　运行条件及调度原则

1. 运行条件

黄金峡日调节水库：利用其有限的调节库容（初期0.81亿m^3、正常运行期0.71亿m^3）进行日调节，以此提高工程短期运行过程中供水可靠度。

三河口多年调节水库：利用多年调节库容（初期6.62亿m^3、正常运行期6.49亿m^3）进行年内和年际调节，以此提高工程中长期运行过程中供水可靠度。

2. 调度原则

在引汉济渭工程中，由于黄金峡属于日调节水库，不需要制定年调度图，只需要制订三河口水库调度图。在联合调度过程中，结合黄金峡水库的径流预报以及三河口水库调度图，综合确定跨流域调水决策。三河口水库调度图包括防弃水线、控制供水调度线以及联调保证供水线。各调度线的绘制原则如下：

（1）防弃水线：选择长系列调水决策中出现弃水的年份，将多个年份的水位过程绘制在同一张图上，取其外包线作为防弃水线。当三河口水库水位高于防弃水线时，需减少三河口泵站的使用次数，同时加大泄流，以避免水库产生弃水。

（2）控制供水调度线：选择长系列调水决策中三河口自流供水的年份，将多个年份的水位过程绘制在同一张图上，取其外包线作为控制供水线。在防弃水线与控制供水线之间，三河口水库供水为主，黄金峡水库作为补充，二者共同满足供水需求。

（3）联调保证供水线：选择长系列调水决策中满足设计供水保证率的年份，将多个年份的水位过程绘制在同一张图上，取其外包线作为控制供水线。在控制供水线与保证供水线之间，黄金峡水库供水为主，三河口水库进行补偿，二者共同满足供水需求；在保证供水线以下，供水遭到破坏，此时应该限制供水。

6.1.2　初期联合运行调度图

根据以上介绍的调度图编制方法，结合长系列最优调度策略，绘制调水 10 亿 m^3 情景下三河口水库调度图，如图 6-1 所示，对应调度线数值见表 6-1。

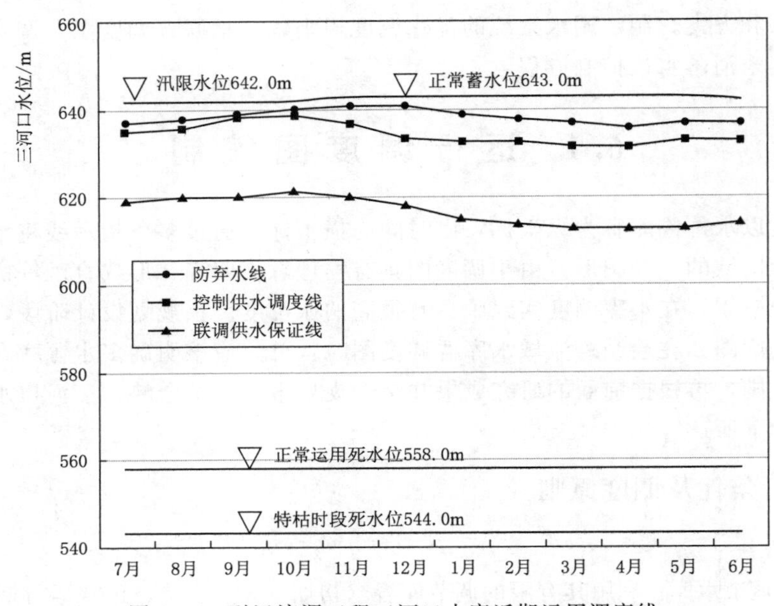

图 6-1　引汉济渭工程三河口水库近期运用调度线

表 6-1　　三河口水库调度线各月水位值

水位/m	月份											
	7	8	9	10	11	12	1	2	3	4	5	6
防弃水线	637	638	639	640	641	641	639	638	637	636	637	637
控制供水调度线	635	636	638	639	637	634	633	633	632	632	633	633
联调供水保证线	619	620	620	621	620	618	615	614	613	613	613	614

三河口水库调度图运用方式如下：

（1）防弃水区：三河口水库水位位于防弃水线之上，此时三河口水库优先供水，黄金峡水库进行补偿，三河口泵站停机，黄金峡和三河口水库联合供水，保证秦岭输水隧洞供水流量达到 $50m^3/s$。

（2）加大供水区：三河口水库水位位于防弃水线与控制供水调度线之间，此时黄金峡水库优先供水，三河口水库进行补偿；当黄金峡供水流量充沛时，启动三河口泵站，将多余的水量存储在三河口水库中；当黄金峡供水流量不足时，三河口泵站不启动，缺额由三河口水

库进行补充；黄金峡和三河口水库联合供水，保证秦岭输水隧洞供水流量达到 50m³/s。

(3) 正常供水区：三河口水库水位位于控制供水调度线与联调供水保证线之间，此时黄金峡水库优先供水，三河口水库进行补偿；当黄金峡供水流量充沛时，启动三河口泵站，将多余的水量存储在三河口水库中；当黄金峡供水流量不足时，三河口泵站不启动，缺额由三河口水库进行补充；黄金峡和三河口水库联合供水，保证秦岭输水隧洞供水流量达到 21.2m³/s。

(4) 降低供水区：三河口水库水位位于联调供水保证线与三河口水库死水位之间，此时黄金峡水库优先供水，三河口水库进行补偿；当黄金峡供水流量充沛时，启动三河口泵站，将多余的水量存储在三河口水库中；当黄金峡供水流量不足时，三河口泵站不启动，缺额由三河口水库进行补充；黄金峡和三河口水库联合供水，保证秦岭输水隧洞供水流量达到 12.8m³/s。

6.1.3　正常运行期联合运行调度图

根据上述方法，引汉济渭工程调水 15 亿 m³ 情景下三河口水库调度线对应的各月水位值见表 6-2，三河口水库调度图见图 6-2。其中，黄金峡和三河口水库考虑了淤积 50 年后的水位库容曲线进行调度计算。

表 6-2　　三河口水库远期调度线各月水位值

水位/m	月份											
	7	8	9	10	11	12	1	2	3	4	5	6
防弃水线	635	636	639	640	641	641	640	638	637	635	634	633
控制供水调度线	614	615	616	618	617	616	613	612	612	612	611	610
联调供水保证线	572	572	576	580	585	587	588	586	585	582	580	578

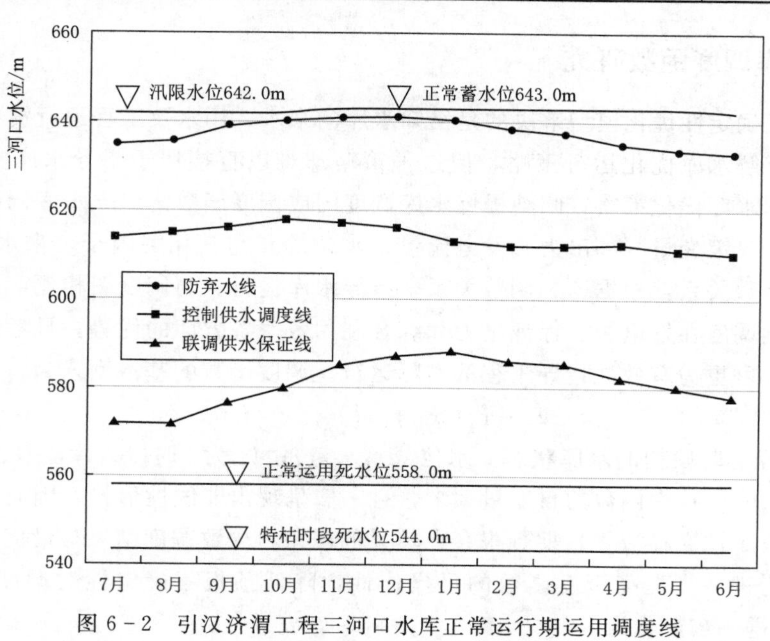

图 6-2　引汉济渭工程三河口水库正常运行期运用调度线

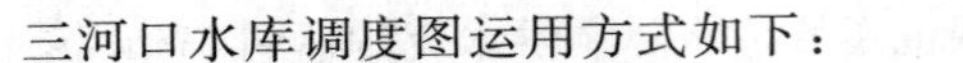

三河口水库调度图运用方式如下：

（1）防弃水区：三河口水库水位位于防弃水线之上，此时三河口水库优先供水，黄金峡水库进行补偿，三河口泵站停机，黄金峡和三河口水库联合供水，保证秦岭输水隧洞供水流量达到 $70m^3/s$。

（2）加大供水区：三河口水库水位位于防弃水线与控制供水调度线之间，此时黄金峡水库优先供水，三河口水库进行补偿；当黄金峡供水流量充沛时，启动三河口泵站，将多余的水量存储在三河口水库中；当黄金峡供水流量不足时，三河口泵站不启动，缺额由三河口水库进行补充；黄金峡和三河口水库联合供水，保证秦岭输水隧洞供水流量达到 $57.1m^3/s$。

（3）正常供水区：三河口水库水位位于控制供水调度线与联调供水保证线之间，此时黄金峡水库优先供水，三河口水库进行补偿；当黄金峡供水流量充沛时，启动三河口泵站，将多余的水量存储在三河口水库中；当黄金峡供水流量不足时，三河口泵站不启动，缺额由三河口水库进行补充；黄金峡和三河口水库联合供水，保证秦岭输水隧洞供水流量达到 $28m^3/s$。

（4）降低供水区：三河口水库水位位于联调供水保证线与三河口水库死水位之间，此时黄金峡水库优先供水，三河口水库进行补偿；当黄金峡供水流量充沛时，启动三河口泵站，将多余的水量存储在三河口水库中；当黄金峡供水流量不足时，三河口泵站不启动，缺额由三河口水库进行补充；黄金峡和三河口水库联合供水，保证秦岭输水隧洞供水流量达到 $18.3m^3/s$。

6.2　初期和正常运行期水库优化调度函数研究

6.2.1　水库调度函数研究

水库调度确定性优化模型解决的是已知水库的来水、用水及工程运行资料，通过建立优化模型，求解水库优化运行策略，但这种策略却难以直接用于指导水库实际运行。因此，需要根据水库优化策略，归纳提炼水库调度图或调度函数。建立水库调度函数，本质上是找出某一决策变量（如出力、发电流量、水位等）与其相关因子（来水、时段库容、水位等）的函数关系，根据这一函数关系来指导水库运行。与调度图相比，调度函数可以完全继承优化调度在发电量、保证出力和综合利用效率各方面的优势，且考虑了未来时段的预报信息，可更为有效地指导工程的实际运行。调度函数的基本型式为

$$u_t = f_t(S_t, I_t, I_{t+1}, \cdots, I_n) \tag{6-1}$$

式中：S_t 为第 t 时段初的水库状态（水位或蓄水量）；I_t 为 t 时段入库流量。

由于式（6－1）中函数的自变量太多，且一般呈现出非线性形式，因而很难给出具体的函数表达式。加之径流中长期预报存在较大的误差，导致调度结果与最优运行轨迹存在较大偏差。为进一步提高调度函数的可操作性，降低预报不确定性对调度结果的影响，式（6－1）可进一步简化为

$$u_t = f_t(S_t, I_t) \tag{6-2}$$

采用线性调度函数进行描述，如下：

$$u_t = aI_t + bS_t + c \tag{6-3}$$

式中：a，b 和 c 为待辨识的参数。

该参数的值从理论上来说应当有严格数学解，具体求解过程为：设有 n 组历史资料 $(u_t^{(1)}, I_t^{(1)}, S_t^{(1)})$，$(u_t^{(2)}, I_t^{(2)}, S_t^{(2)})$，…，$(u_t^{(n)}, I_t^{(n)}, S_t^{(n)})$，根据拟合方法可求出 a，b 和 c。基本原理是离差平方和最小：

$$\min_{a,b,c} \sum_{i=1}^{n} [u_t^{(i)} - (aI_t^{(i)} + bS_t^{(i)} + c)]^{\mathrm{T}} [u_t^{(i)} - (aI_t^{(i)} + bS_t^{(i)} + c)] \tag{6-4}$$

记 $\boldsymbol{\Theta} = (a, b, c)^{\mathrm{T}}$ 为需要辨识的参数矩阵，$\boldsymbol{X}$、$\boldsymbol{Y}$ 为历史数据矩阵，如下：

$$\boldsymbol{X} = \begin{bmatrix} I_{t1}^{(1)} & \cdots & I_{tm}^{(1)} & S_{t1}^{(1)} & \cdots S_{tm}^{(1)} & 1 \\ I_{t1}^{(2)} & \cdots & I_{tm}^{(2)} & S_{t1}^{(2)} & \cdots S_{tm}^{(2)} & 1 \\ \cdots & \cdots & \cdots & \cdots & \cdots & \cdots \\ I_{t1}^{(n)} & \cdots & I_{tm}^{(n)} & S_{t1}^{(n)} & \cdots S_{tm}^{(n)} & 1 \end{bmatrix}, \quad \boldsymbol{Y} = \begin{bmatrix} u_{t1}^{(1)} & \cdots & u_{tm}^{(1)} \\ u_{t1}^{(2)} & \cdots & u_{tm}^{(2)} \\ \cdots & \cdots & \cdots \\ u_{t1}^{(n)} & \cdots & u_{tm}^{(n)} \end{bmatrix} \tag{6-5}$$

则系数的解可以写为：

$$\boldsymbol{\Theta} = (\boldsymbol{X}^{\mathrm{T}} \boldsymbol{X})^{-1} \boldsymbol{X}^{\mathrm{T}} \boldsymbol{Y} \tag{6-6}$$

根据以上分析，结合多元逐步回归方法得到水库各月调度函数。但是，通过本研究发现，线性调度函数效果较差，最好的拟合精度只达到了 $R^2 = 0.47$，该拟合精度远远不能达到工程实际运行的需要。因此，本研究尝试通过人工神经网络来拟合调度函数。

人工神经网络（ANN）模型是制定水库调度函数的一种常用方法[106-107]。BP 神经网络的主要结构如图 6-3 所示。

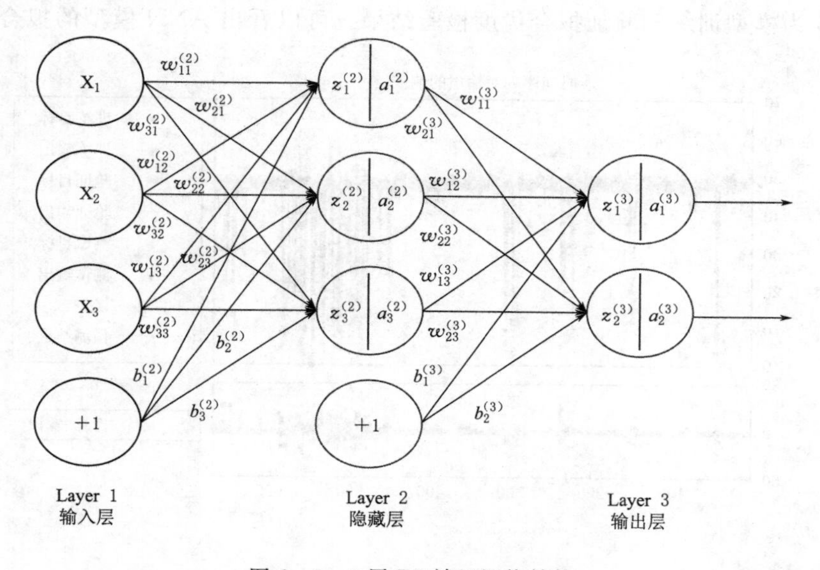

图 6-3　3 层 BP 神经网络结构

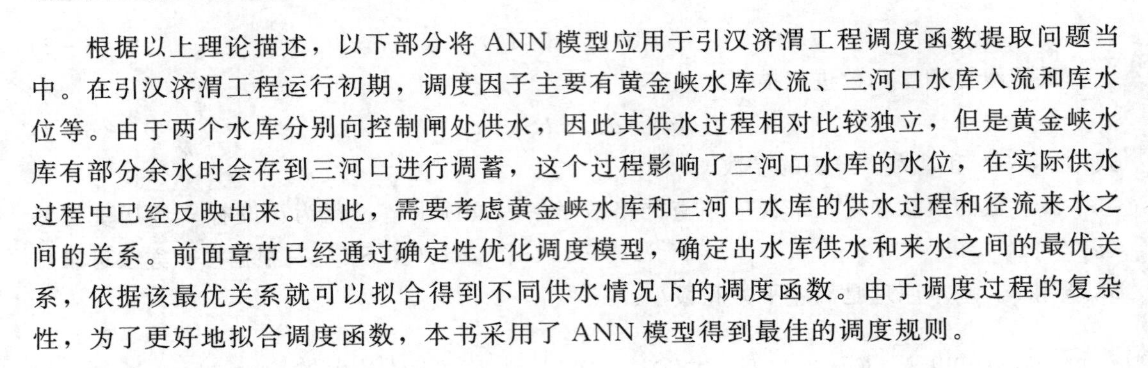

根据以上理论描述，以下部分将 ANN 模型应用于引汉济渭工程调度函数提取问题当中。在引汉济渭工程运行初期，调度因子主要有黄金峡水库入流、三河口水库入流和库水位等。由于两个水库分别向控制闸处供水，因此其供水过程相对比较独立，但是黄金峡水库有部分余水时会存到三河口进行调蓄，这个过程影响了三河口水库的水位，在实际供水过程中已经反映出来。因此，需要考虑黄金峡水库和三河口水库的供水过程和径流来水之间的关系。前面章节已经通过确定性优化调度模型，确定出水库供水和来水之间的最优关系，依据该最优关系就可以拟合得到不同供水情况下的调度函数。由于调度过程的复杂性，为了更好地拟合调度函数，本书采用了 ANN 模型得到最佳的调度规则。

6.2.2 初期联合运行调度函数

根据第 5 章优化调度的结果，引汉济渭过程在运行初期设置了不同的调水方案。本节选取每年调水 15 亿 m³ 的方案 3 为例，进行优化调度规则的提取。在该调水方案中，引汉济渭工程总供水量和黄金峡水库来水 Q_i^H、三河口水库来水 Q_i^S、三河口水库的时段初水位 Z_i^S 有关系。因此，在用 ANN 模型提取调度规则时，将黄金峡水库时段来水量、三河口水库的时段来水量、三河口水库的时段初水位作为输入变量，总调水量为输出变量。

在 ANN 模型训练过程中，选取全序列中 75%的样本进行训练，15%的序列进行验证，剩余 10%的样本进行预测。模型的隐藏层设置为 10 个，神经元的影响步距设置为 2，通过训练 ANN 模型得到的调度结果如图 6-4 所示。从图 6-4 中可以看出，拟合结果和实际的调水过程比较一致，拟合结果可以较好地捕捉主要的供水过程，说明了 ANN 模型的有效性。主要误差分布在调水量为极小值的情况下，在这种情况下，调水过程的规律性被破坏。工程实际的供水过程按照径流来水量大小进行，水库的调蓄能力已经无法满足供水。图 6-5 为模型训练和验证拟合优度检验结果，可以看出 ANN 模型的拟合精度较高，

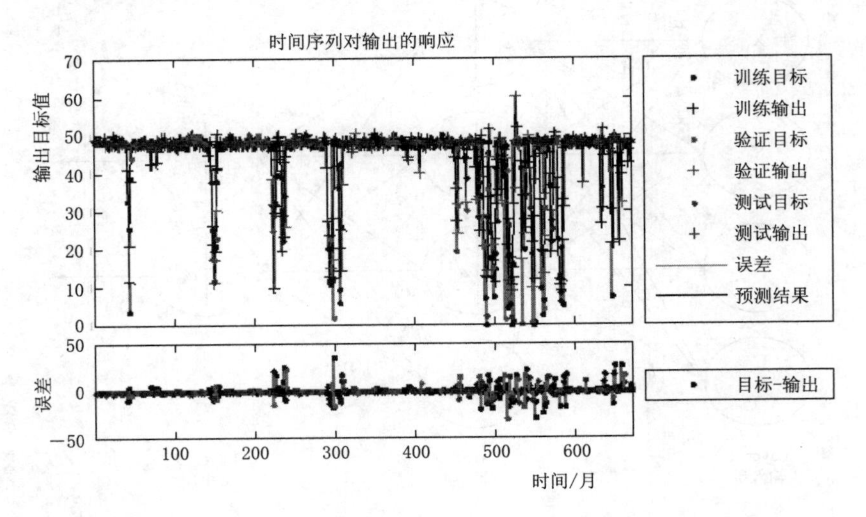

图 6-4 人工神经网络训练和验证结果

基本捕捉到了水库优化调度规律。通过保存训练好的ANN模型，在未来的应用中直接调用，就可以通过输入得出相应的输出结果，也就是具体时段的可调水量值。

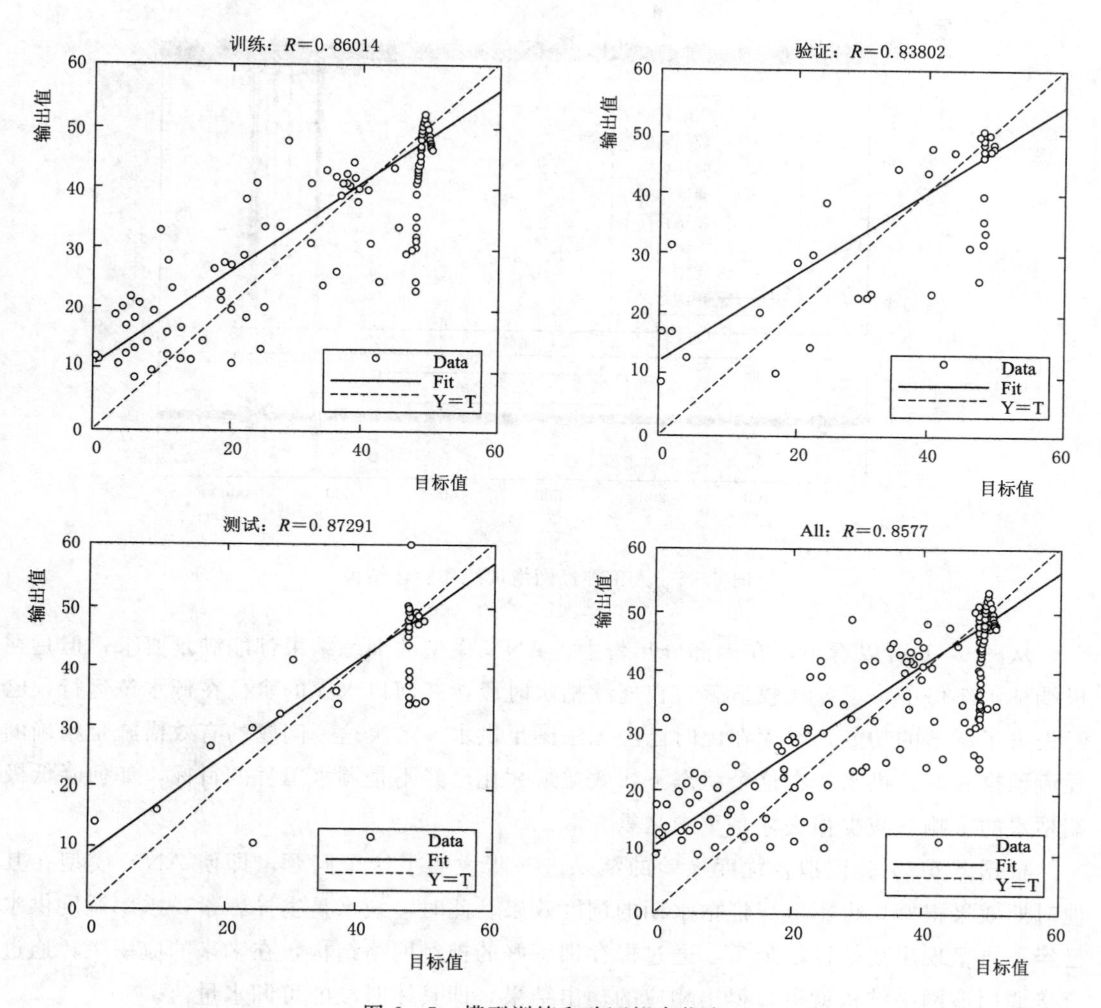

图 6-5　模型训练和验证拟合优度

6.2.3 正常运行期联合调度函数

1. 新水源条件下供水15亿m^3水库联合调度函数

在有新水源条件下，引汉济渭工程总供水量和黄金峡水库来水Q_i^H、三河口水库来水Q_i^S、嘉陵江对黄金峡水库的补水Q_i^J以及三河口水库的时段初水位Z_i^S有关系。按照人工神经网络方法进一步筛选因素，得到最佳的调度规则。

在人工神经网络训练过程中选取全序列中75%的样本进行训练，15%的序列进行验证，剩余10%的样本进行预测。模型的隐藏层设置为10个，神经元的影响步距设置为2，通过训练得到的结果如图6-6所示。

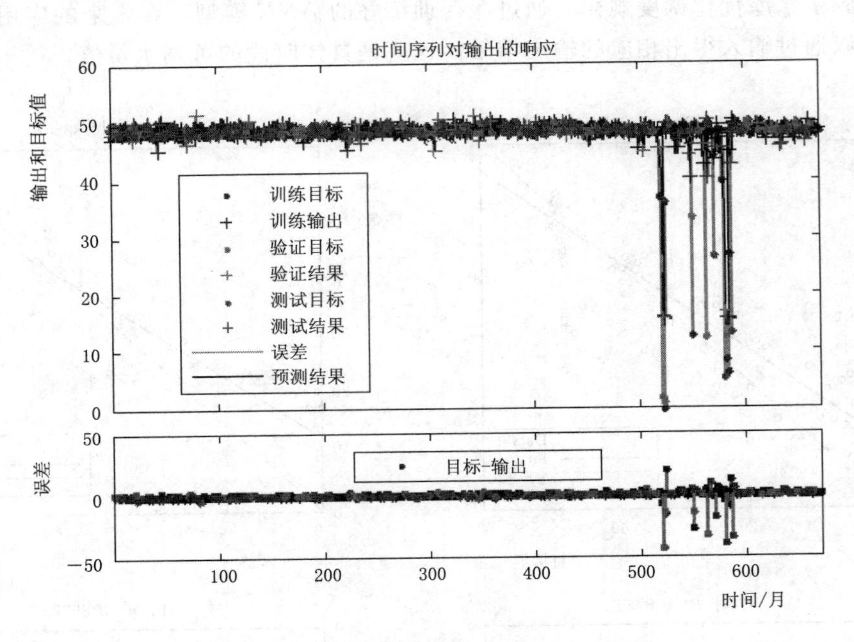

图 6-6　人工神经网络训练和验证结果

从图 6-6 可以看出，在大部分年份中，ANN 模型的训练结果都能满足要求，但是在极端枯水年份中，误差比较显著。在连续枯水时段，三河口水库的水位在低水位运行，已经失去了调蓄的功能，水库在此时已经无法满足供水。解决这一问题的有效措施是精确的径流预报和应急供水。在这个状态下，效益最大化已经不是调水工程的目标，如何降低极端枯水的影响、减少损失才是重中之重。

根据图 6-7 验证拟合优度检验的结果进一步说明了这个问题，即使 ANN 模型在其他时期效果很好，也不能保证枯水期的调度效果。此时，缺水是主导因素，水库调度供水已经不再呈现出规律性。最后，通过保存训练好的神经网络结构，在未来的应用中，通过直接调用该网络结构就可以得出相应的输出结果，即具体时段的可调水量值。

2. 新水源条件下供水量最大模型水库联合调度函数

在新水源条件下，水库调度函数依旧考虑四个输入变量，输出为控制闸处的可供水量。图 6-8 为 ANN 模型的训练和验证结果。可以看出，训练结果可以较好地捕捉主要的供水特点，但是在供水的极小值方面不能很好地把握。这是因为，一方面供水量越大时水库的调蓄能力就会越低，该结果在前面的章节也有说明；另一方面，目前的预测拟合方法在处理极值方面存在着客观的不足。因此，很难精确的预测供水的极小值，供水极小值和径流来水和需水要求关系显著，从供水过程和误差结果来看该拟合结果能满足实际过程的运行需要。根据拟合优度的检验结果（见图 6-9），拟合精度比较高，也说明了 ANN 模型拟合水库调度规则的可用性。具体的应用该调度模式的方式和应用过程如前所述。

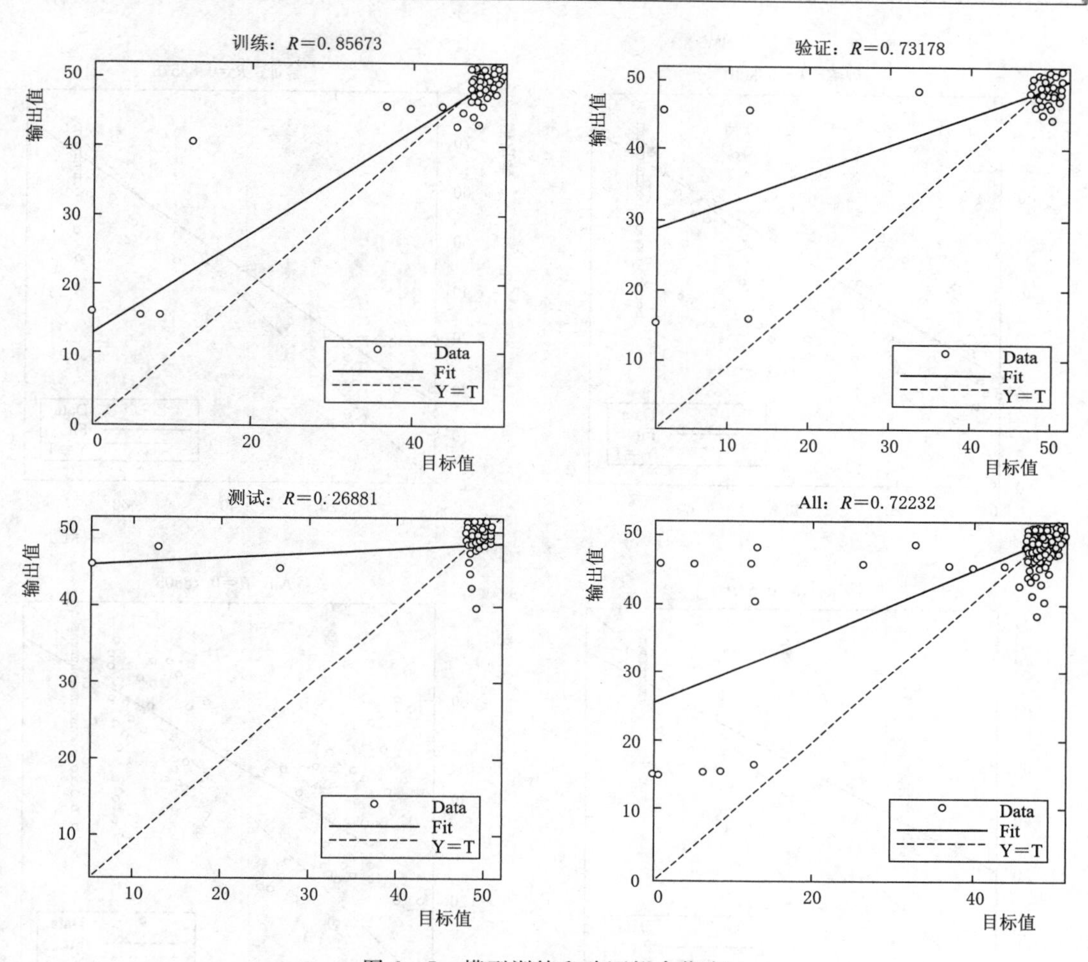

图 6-7 模型训练和验证拟合优度

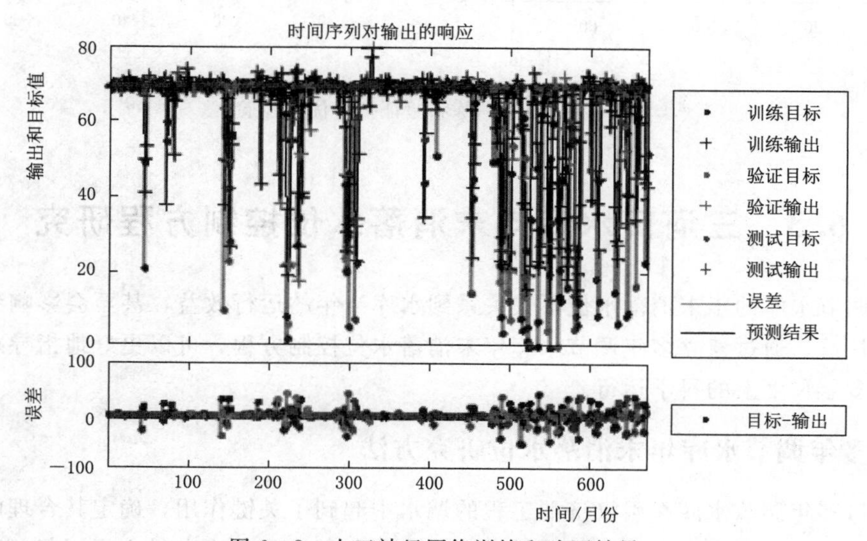

图 6-8 人工神经网络训练和验证结果

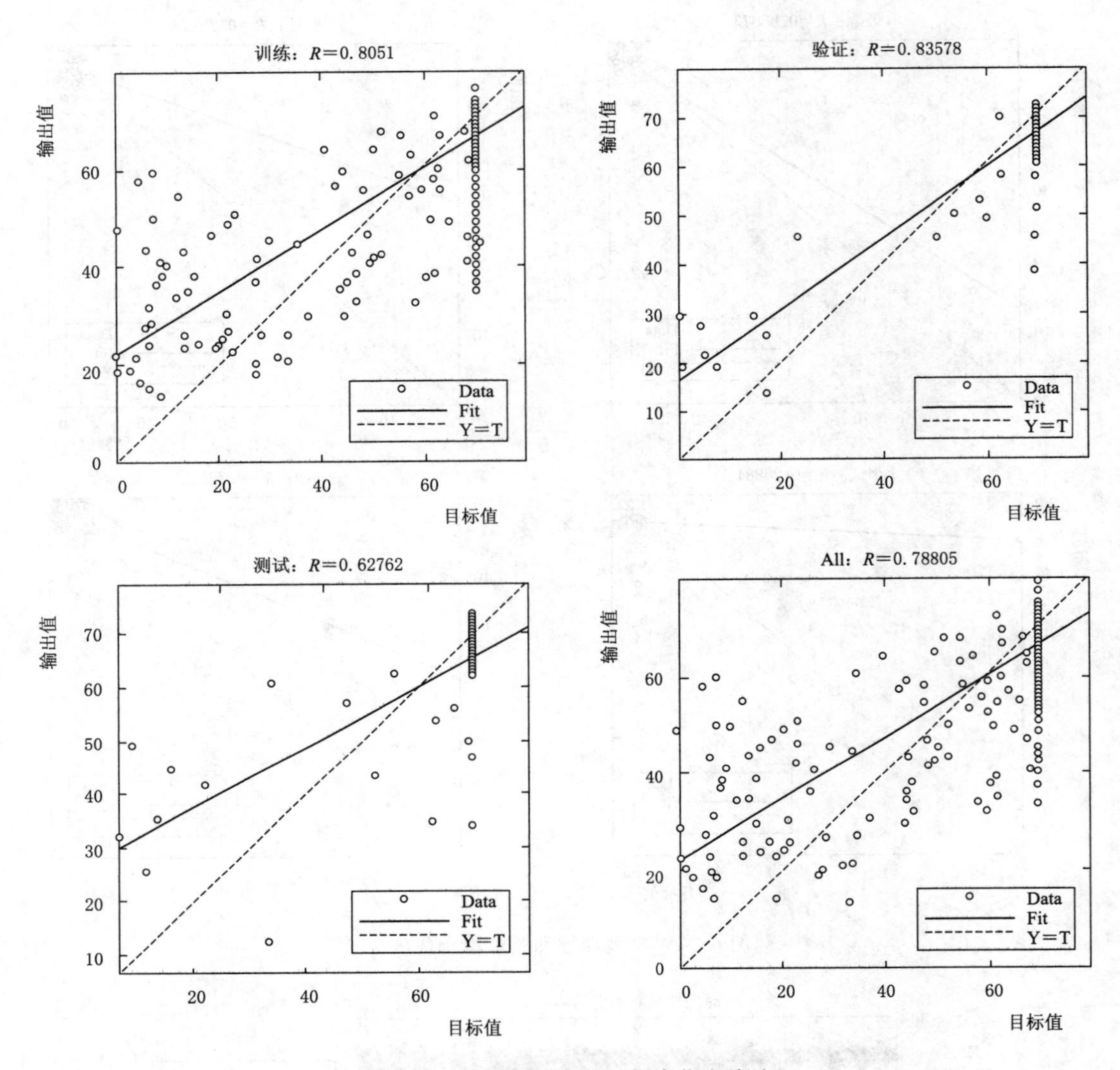

图 6-9　模型训练和验证拟合优度检验

6.3　三河口水库年末消落水位控制方程研究

多年调节水库的年末消落水位不仅关系到水库当年的运行效益，甚至会影响到水库多年的运行效益。通过建立多年调节水库年末消落水位控制方程，可以更好地指导跨流域调水工程在多年尺度上的科学运行。

6.3.1　多年调节水库年末消落水位研究方法

三河口多年调节水库在引汉济渭工程的调水中起到了关键作用，确定其合理的年末消落水位是保证工程安全、高效运行的重点。逐步回归理论是处理变量之间回归关系的一种统计方法和技术。逐步回归法基于水库长系列优化调度结果，选择合理的回归方程形式，通过构建水库当年末消落水位和回归因子的拟合方程，表征水库水位和关键控制因素之间的关系。逐步回归法的关键是控制因素的选择和拟合方程形式的构建。多年调节水库年末消落水位和年初的水库蓄水量和年内入流相关，同时，水库前一个时段来水、系统中其他水库的调度策略、干支流需水等因素也对调度规则有显著影响。本节建立多年调节水库年末消落水位控制模型，本质上就是建立年末消落水位与其影响因素之间的函数关系式。基本的多元线性回归的数学模型为

$$qt_t=\beta_0+\beta_1 V_t+\beta_2 ql_t+\beta_3 ql_{t+1}+\cdots+\beta_m ql_m+\varepsilon \tag{6-7}$$

式中：β_0，β_1，β_2，…，β_m 为未知参数；qt_t、V_t 为用优化模型得到的已知量；ql_t，ql_{t+1}，…，ql_m 为已知来水量；ε 为随机误差。

为便于描述，令采用 $y=qt_t$，$x_1=V_t$，$x_2=ql_t$，…，$x_m=ql_m$，因此公式可以表达为

$$y=\beta_0+\beta_1 x_1+\cdots+\beta_m x_m+\varepsilon \tag{6-8}$$

对于随机误差项定义为

$$E(\varepsilon)=0,\quad \mathrm{Var}(\varepsilon)=\delta^2 \tag{6-9}$$

假设通过优化调度模型有 n 组数据（y_i，x_{i1}，x_{i2}，…，x_{im}），$i=1,2,\cdots,nm(n>m)$，则用矩阵表示为

$$y=\begin{pmatrix} y_1 \\ y_2 \\ \vdots \\ y_n \end{pmatrix} \quad x=\begin{pmatrix} 1, & x_{11}, & x_{12}, & \cdots & x_{1m} \\ 1, & x_{21}, & x_{22}, & \cdots & x_{2n} \\ \vdots & \vdots & \vdots & \vdots & \vdots \\ 1, & x_{n1}, & x_{n2}, & \cdots & x_{nm} \end{pmatrix} \tag{6-10}$$

$$\beta=\begin{pmatrix} \beta_1 \\ \beta_2 \\ \vdots \\ \beta_n \end{pmatrix} \quad \varepsilon=\begin{pmatrix} \varepsilon_1 \\ \varepsilon_{21} \\ \vdots \\ \varepsilon_n \end{pmatrix} \tag{6-11}$$

则有

$$y=X\beta+\varepsilon \tag{6-12}$$

6.3.2 初期三河口多年调节水库年末消落水位控制方程

年末消落水位（水文年末，6月）作为一年中最低的水位，控制其高度对于多年内的水库运行都有重要的意义。本研究中，与三河口水库年末消落水位有关的初始回归因子包括年初水位（Z_t）、当年内入库水量（W_t）、供水量（G_t）、工程总供水量（G_T）和相应变量平方等因子。由于三河口水库年末消落水位受到多种因素的影响，每种因素对其影响存在差异性。因此，需要对影响因素进行初步的筛选，以更好地确定主要影响因素。图 6-10为不同供水方案下三河口年末消落水位，图 6-11展示了三河口径流大小和三河口供水、工程总供水及三河口年末消落水位之间的关系。

如图 6-10 所示，不同供水方案下三河口水位变化较为剧烈，需水过程对三河口水库

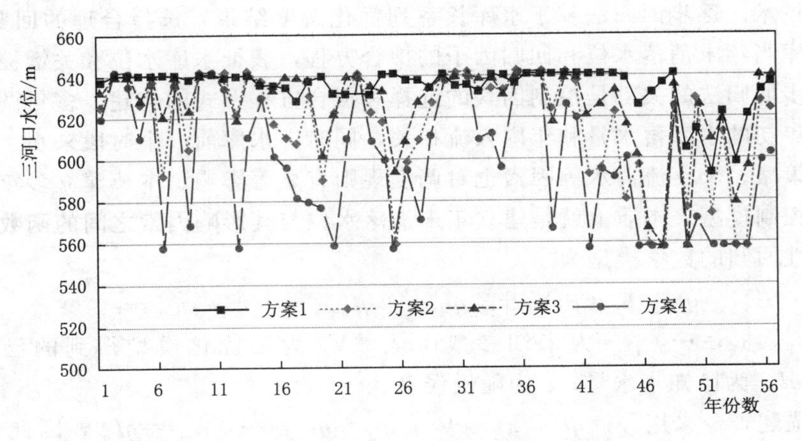

图 6-10　不同方案下的三河口年末消落水位

水位的影响显著。依据图 6-11 的结果，三河口水库的供水和工程总供水呈现出相反的关系。主要原因是：工程供水优先由黄金峡提供，三河口在供水不足时补充不足的供水量。因此，三河口水库年末消落水位的供水影响因素主要是其直接的供水量，工程总供水间接影响到三河口水库水位。随着三河口径流量的减少，其对供水过程的补充作用逐渐显著，不同供水方案下水库的调蓄过程也存在着较大差异。

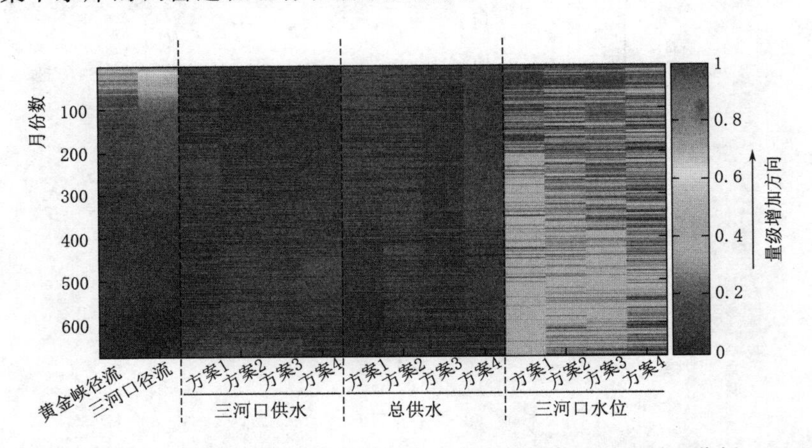

图 6-11　不同方案下调水过程、水库水位和径流过程对比分析

从以上结果中可知，与三河口水库年末消落水位 $Z(t+1)$ 有关的初始回归因子选择为三河口水库年初水位 $Z(t)$、三河口水库当年内入库水量 $W(t)$、三河口水库供水量 $G(t)$ 和相应变量平方等因子是合适的。但是，由于这些因素对三河口水库水位存在着非线性的影响，因此考虑具体的回归结构也是重要的一个方面。

1. 过程控制调水方案 1 的三河口水库水位回归分析

方案 1 的三河口水库年末消落水位过程如图 6-12(a) 所示，按照逐步分析方法得到不同影响因子后拟合得到的消落水位关系表达式如式 (6-13) 所示。

$$Z(t+1)=b_1+b_2Z(t)^2+b_3W(t)^2+b_4G(t)^2+b_5Z(t)+b_6W(t)G(t) \tag{6-13}$$

式中：$b_1=-8027.10$，$b_2=-0.02$，$b_3=-0.28$，$b_4=-1.62$，$b_5=27.22$，$b_6=1.30$。

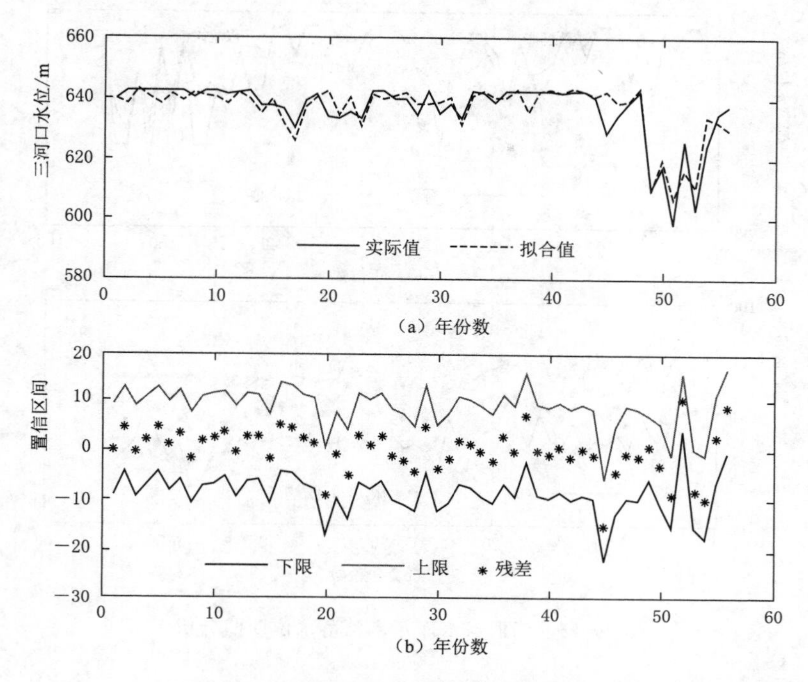

图 6-12　三河口水库年末消落水位回归分析

如图 6-12 所示，拟合值能够较好地捕捉实际值的变化过程，极端低水位也能够较好地拟合，其拟合系数 $R^2=0.81$ 也处于一个比较高的水平。图 6-12(b) 为拟合的残差置信区间，可以看出所有时段的残差均处于置信区间上下限之内，保证了拟合的可信度。三河口水库年末消落水位受到多种因素的影响，相应变量的平方表示每种因素对水位的影响为非线性，对实际预测年末水位增加了难度。拟合式中三河口水库年初水位［$Z(t)$］拟合系数远大于其他变量的拟合系数，说明其影响最为显著。

综上所述，本节的回归分析精度较高，可为三河口水库优化运行提供一个宏观的指导，对工程的实际运行有重要的借鉴意义。

2. 年内动态方案 2 的三河口水库水位回归分析

方案 2 的三河口水库年末消落水位过程如图 6-13(a) 所示，按照逐步分析方法得到不同影响因子后拟合得到的消落水位关系表达式如式（6-14）所示。式中三河口水库年初水位 $Z(t)$和三河口水库供水量 $G(t)$的拟合系数要远大于其他变量，说明调水和水库年初水位是最主要的影响因素，且呈现出非线性的影响。

$$Z(t+1)=b_1+b_2Z(t)^2+b_3W(t)^2+b_4G(t)^2+b_5Z(t)+b_6W(t)G(t) \quad (6-14)$$

式中：$b_1=-2804.36$，$b_2=0.01$，$b_3=-0.04$，$b_4=-1.42$，$b_5=-7.34$，$b_6=0.411$。

如图 6-13 所示，拟合值能够较好地捕捉实际值的变化过程，极端低水位也能够较好地拟合，其拟合系数 $R^2=0.73$ 也处于一个比较高的水平。图 6-13(b) 为拟合的残差置信区间，可以看出所有时段的残差均处于置信区间上下限之内，保证了拟合的可信度。

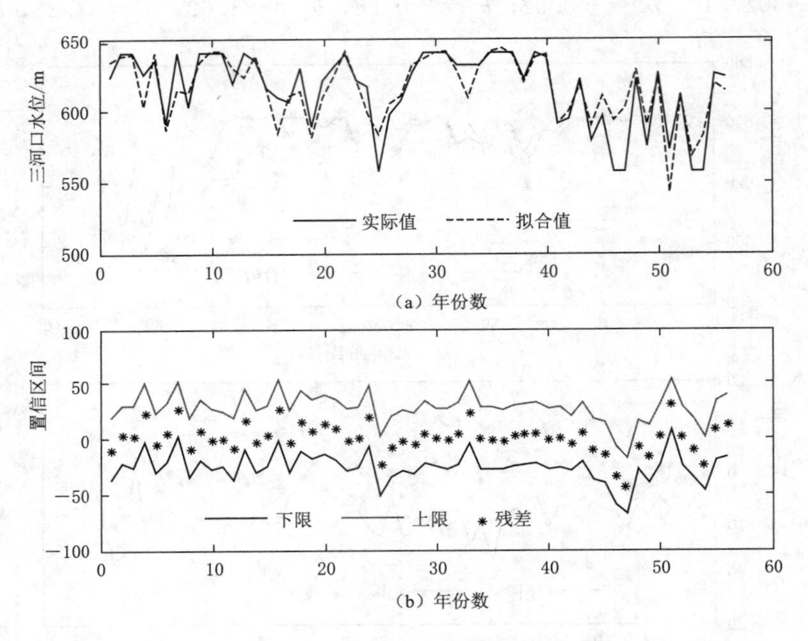

图 6-13　三河口水库年末消落水位回归分析

3. 年内均匀方案 3 的三河口水库水位回归分析

方案 3 的三河口水库年末消落水位过程如图 6-14(a) 所示，按照逐步分析方法得到不同影响因子后拟合得到的消落水位关系表达式如式（6-15）所示。式中三河口水库当年内入库水量 $W(t)$ 和三河口水库供水量 $G(t)$ 的拟合系数要远大于其他变量，说明方案 3 中调水量和水库来水是最主要的影响因素，且呈现出非线性的影响。

$$Z(t+1)=b_1+b_3W(t)^2+b_4G(t)^2+b_5W(t)+b_6Z(t)G(t) \tag{6-15}$$

式中：$b_1=568.15$，$b_3=-0.12$，$b_4=-1.83$，$b_5=2.53$，$b_6=0.01$。

如图 6-14 所示，拟合值能够较好地捕捉实际值的变化过程，极端低水位也能够较好地拟合，其拟合系数 $R^2=0.65$ 也处于一个比较高的水平。图 6-14(b) 为拟合的残差置信区间，可以看出所有时段的残差均处于置信区间上下限之内，保证了拟合的可信度。

4. 调水潜力最大方案 4 三河口水库水位回归分析

方案 4 的三河口水库年末消落水位过程如图 6-15(a) 所示，按照逐步分析方法得到不同影响因子后拟合得到的消落水位关系表达式如式（6-16）所示。式中三河口水库当年内入库水量 $W(t)$ 和三河口水库供水量 $G(t)$ 的拟合系数要远大于其他变量，说明方案 3 中调水量和水库来水是最主要的影响因素，且呈现出非线性的影响。

$$Z(t+1)=b_1+b_3W(t)^2+b_4G(t)^2+b_5W(t)+b_6Z(t)G(t) \tag{6-16}$$

式中：$b_1=481.82$，$b_3=-0.53$，$b_4=-1.89$，$b_5=13.64$，$b_6=0.01$。

如图 6-15 所示，拟合值能够较好地捕捉实际值的变化过程，极端低水位也能够较好地拟合，其拟合系数 $R^2=0.77$ 也处于一个比较高的水平。图 6-15(b) 为拟合的残差置信区间，可以看出所有时段的残差均处于置信区间上下限之内，保证了拟合的可信度。

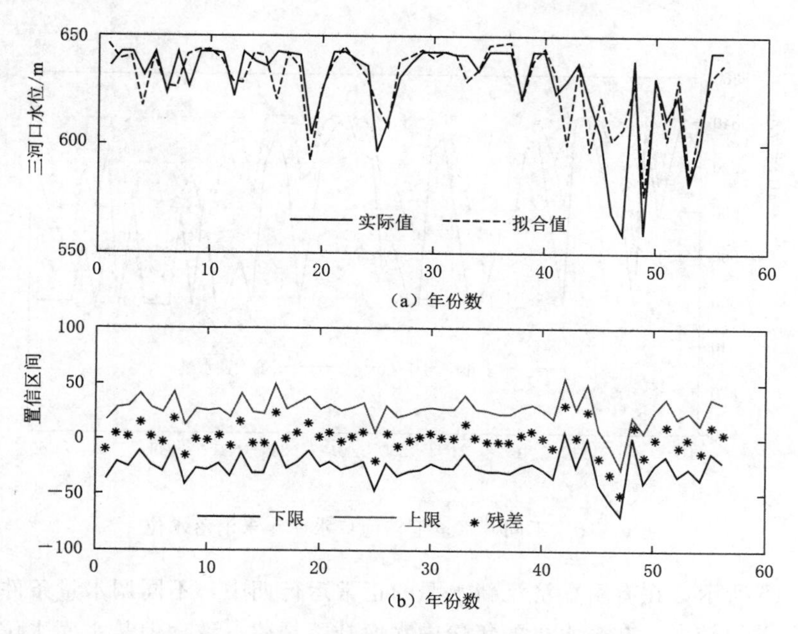

图 6-14　三河口水库年末消落水位回归分析

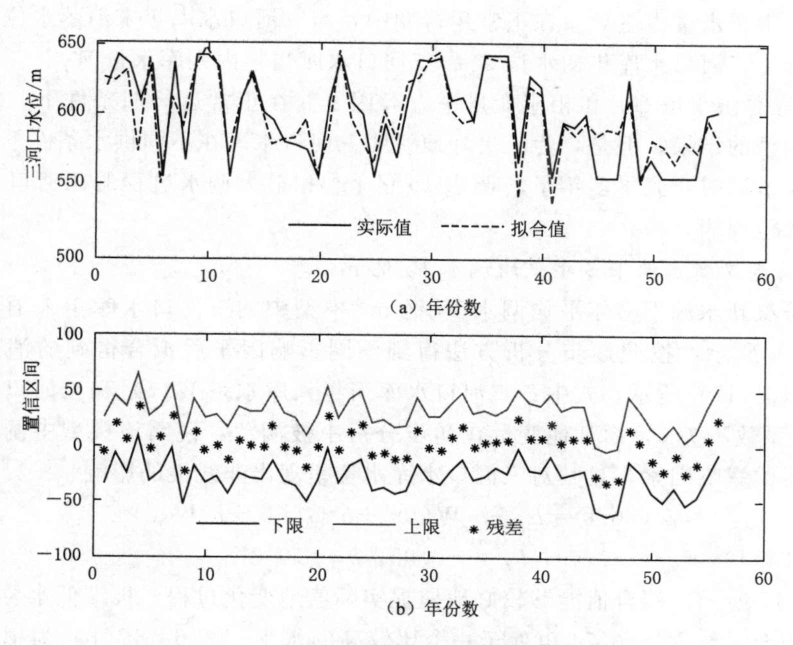

图 6-15　三河口水库年末消落水位回归分析

6.3.3　正常运行期三河口多年调节水库年末消落水位规律

在调水 15 亿 m^3 条件下，基于调水量最大模型，得到三河口水库各年末消落水位，如图 6-16 所示。

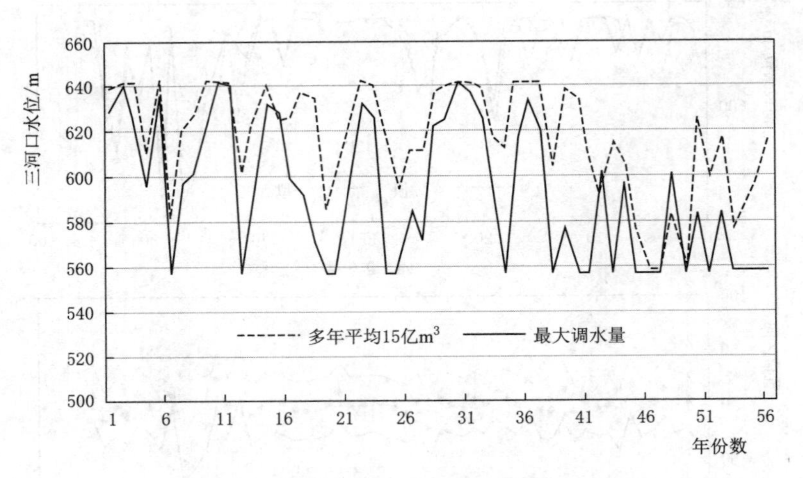

图 6-16 不同调水量下三河口水库年末消落水位

如图 6-16 所示，在有引嘉济汉新水源的正常运行期中，不同调水量条件下的三河口水库水位过程差异较大，在来水少的年份中水库补蓄规律一致，但是水库水位降低的程度调水量最大模型要远大于多年平均 15 亿 m^3 模型，说明在来水量一定的条件下，影响水位的所有因素中调水量占主导。在正常运行期中，与三河口水库年末消落水位有关的初始回归因子选择为三河口水库年初水位 Z_t、三河口水库当年内入库水量 W_t、三河口水库供水量 G_t、工程总供水量 G_T 和相应变量平方等因子。在正常运行期条件下，本节推荐了调水量最大模型的结果。但是，为了更好地说明三河口水库在不同供水条件下的年末水位消落规律，本节同时研究了多年平均调水 15 亿 m^3 和最大调水过程的三河口多年调节水库年末消落水位规律。

1. 有引嘉济汉新水源下多年平均调水 15 亿 m^3

有引嘉济汉新水源下多年平均调水 15 亿 m^3 模型中的三河口水库年末消落水位过程如图 6-17(a) 所示，按照逐步分析方法得到不同影响因子后拟合得到的消落水位关系表达式如式（6-17）所示。式中：三河口水库当年入库水量 $W(t)$ 和三河口水库供水量 $G(t)$ 的拟合系数不为 0，而其他变量在初步分析中被淘汰，说明该模型中调水量和水库来水是最主要的影响因素，且其对三河口水库水位呈现出非线性的影响。

$$Z(t+1)=b_1+b_3W(t)^2+b_4G(t)^2+b_5W(t) \tag{6-17}$$

式中：$b_1=428.10$，$b_3=-0.40$，$b_4=-0.95$，$b_5=10.07$。

如图 6-17 所示，拟合值能够较好地捕捉实际值地变化过程，极端低水位也能够较好地拟合，其拟合系数 $R^2=0.74$ 也处于一个比较高的水平。图 6-17(b) 为拟合的残差置信区间，可以看出所有时段的残差均处于置信区间上下限之内，保证了拟合的可信度。

2. 有引嘉济汉新水源下最大调水过程

有引嘉济汉新水源下最大调水量模型中的三河口水库年末消落水位过程如图 6-18(a) 所示，按照逐步分析方法得到不同影响因子后拟合得到的消落水位关系表达式如式（6-18）所示。式中三河口水库年初水位 Z_t、三河口水库当年内入库水量 W_t、三河口水库供水量

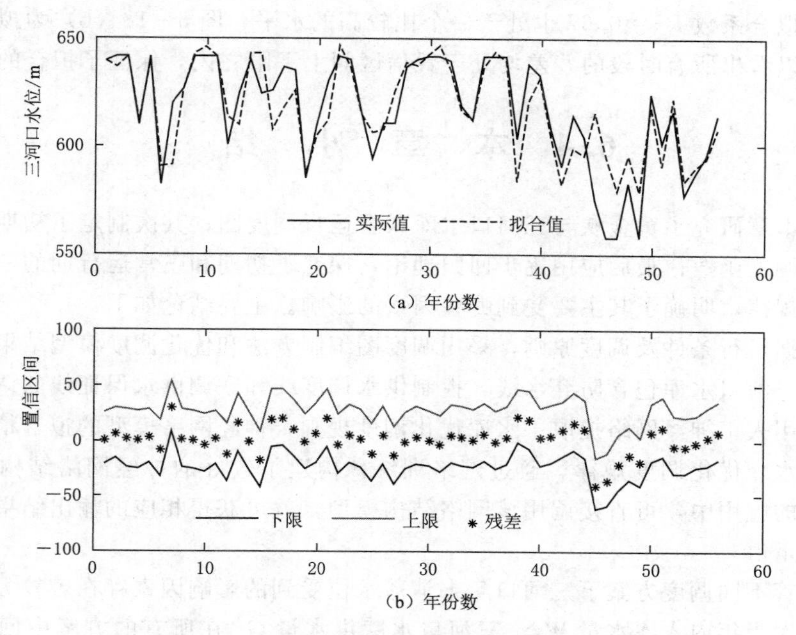

图 6-17 三河口水库年末消落水位回归分析

G_t 均不为 0，且其对三河口水库水位呈现出线性和非线性的影响。在最大调水量模型中三河口水位受到多种因素的影响，在实际工程的运行调度中需要重点关注。

$$Z(t+1)=b_1+b_2Z(t)^2+b_3W(t)^2+b_4G(t)^2+b_5Z(t)+b_6W(t)+b_7G(t) \tag{6-18}$$

式中：$b_1=3204.08$，$b_2=0.01$，$b_3=-0.36$，$b_4=0.28$，$b_5=-9.18$，$b_6=12.31$，$b_7=-8.74$。

如图 6-18 所示，拟合值能够较好的捕捉实际值的变化过程，极端低水位也能够较好

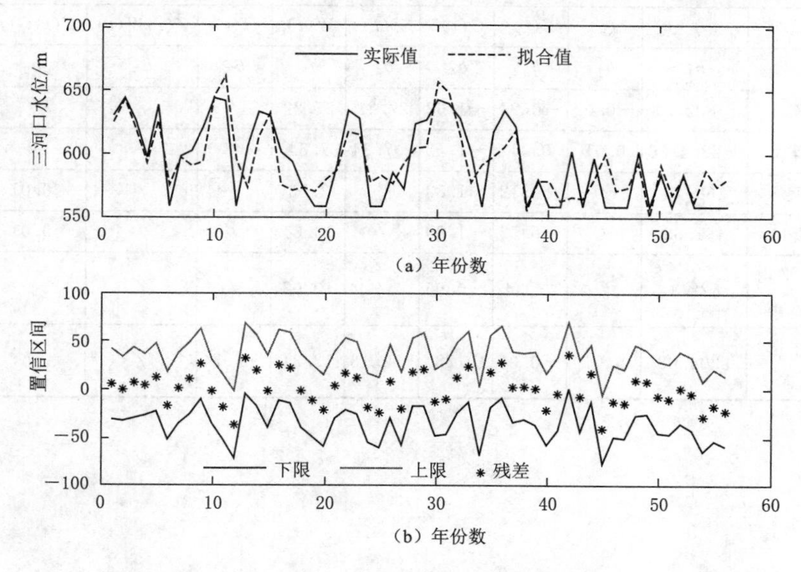

图 6-18 三河口水库年末消落水位回归分析

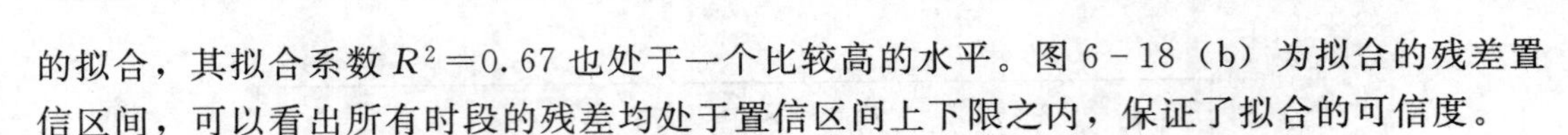

的拟合，其拟合系数 $R^2=0.67$ 也处于一个比较高的水平。图 6－18（b）为拟合的残差置信区间，可以看出所有时段的残差均处于置信区间上下限之内，保证了拟合的可信度。

6.4　本 章 小 结

首先，本章研究了黄金峡与三河口水库联合运行调度图；其次制定了初期和正常运行期水库优化调度函数；最后应用逐步回归理论，探究了初期和正常运行期的三河口水库年末消落水位规律，明确了其主要受到哪些因素的影响。主要结论如下：

（1）根据运行条件及调度原则，采用调度图编制方法和优化调度模型结果相结合的方法，绘制了三河口水库包含防弃水线、控制供水调度线和联调供水保证线的调度图。

（2）采用人工神经网络提取了水库优化调度规则，神经网络模型的拟合精度较高，基本捕捉到了水库优化调度规律。通过网络训练，构建了较好的神经网络结构调度规则模型，在未来的应用中，可直接调用该网络结构模型，就可获得相应的输出结果，即水库时段的可调水量值。

（3）尽管不同调度方案下三河口年末消落水位受到的影响因素存在着较大的差异，但是三河口水库当年内入库水量 W_t、三河口水库供水量 G_t 在所有的方案中回归系数都远大于其他因素，说明它们是影响三河口多年调节水库年末消落水位的主导因素。三河口水库当年内入库水量和三河口水库供水量对三河口水库的年末消落水位的影响呈现出线性和非线性的叠加，在实际的运行调度中需要格外关注。表 6－3 总结了所有方案中回归方程的一般形式，可为工程的实际运行提供指导。

表 6－3　三河口水库年末消落水位回归分析一般形式

三河口水库年末消落水位		$Z(t+1)$									
回归因子形式		/	$Z(t)^2$	$W(t)^2$	$G(t)^2$	$Z(t)$	$W(t)$	$G(t)$	$Z(t)W(t)$	$Z(t)G(t)$	$W(t)G(t)$
系数		b_1	b_2	b_3	b_4	b_5	b_6	b_7	b_8	b_9	b_{10}
工程运行初期调度方案	方案 1	−8027.1	−0.02	−0.28	−1.62	27.22	27.22	/	/	/	/
	方案 2	−2804.36	0.01	0.04	−1.42	−7.34	7.34	/	/	/	/
	方案 3	568.15	/	−0.12	−1.83	/	2.53	/	/	0.01	/
	方案 4	481.82	/	−0.53	−1.89	/	13.64	/	/	0.01	/
工程正常运行期调度方案	多年平均 15 亿 m³	428.1	/	−0.4	−0.95	/	10.07	/	/	/	/
	调水量最大	3204.08	0.01	−0.36	0.28	−9.18	12.31	−8.74	/	/	/

第7章 跨流域调水工程“泵站-水库-电站”协同调度不确定性分析

目前，水库优化调度研究一般是基于水文序列的一致性假设，采用确定性的历史径流序列代表水库入库径流的整体状况。但是受变化环境影响以及径流资料来源和长度的约束，水文的一致性假设可能失效。因此，随着气候变化和人类活动加剧，径流非一致性在未来会更加突出[108]。近年来，随着数值模拟技术的进步，可以通过随机生成径流样本序列更加充分地代表水库入库径流的可能状况。径流模拟技术为分析水库优化调度的不确定性、评估工程的整体风险提供了一个可行的途径。基于此，本章提出了一个评估水库优化调度不确定性问题的框架，为更加合理地制定引汉济渭工程调度规则提供依据，力求为引汉济渭工程未来管理运行提供更加全面的参考。

本章提出的水库优化调度不确定性分析框架，考虑了引汉济渭工程黄金峡水库入库径流和三河口水库入库径流的非一致性；同时考虑了引嘉济汉工程嘉陵江来水的非一致性。根据第 3 章的分析可知，黄金峡入库径流、三河口入库径流及嘉陵江径流在 20 世纪 90 年代发生了明显的变异，持续了近 10 年的低流量状态，径流的一致性已被打破，在未来极有可能再次出现持续低流量状态。因此，分析水库优化调度的不确定性问题显得尤为重要。考虑到引汉济渭工程在未来运行中将由三水源联合供水，使径流不确定性问题更加突出，工程的实际调度运行更加复杂。但是根据第 3 章丰枯遭遇分析结果，由于三水源的时空距离和流域下垫面状况比较接近，因此径流整体状况比较一致，即丰枯水年遭遇概率比较一致。为了更好地评估变异前后的径流丰枯遭遇概率状况，本章进一步计算了径流序列变异前后的丰枯遭遇概率，结果见表 7-1。

表 7-1　　变异前后三水源丰枯遭遇概率

(a) 黄金峡—三河口

情景	黄金峡	丰枯同步概率/%				丰枯异步概率/%						
		丰	平	枯	合计	丰	丰	平	平	枯	枯	合计
	三河口	丰	平	枯		平	枯	丰	枯	丰	平	
全序列		15.51	36.44	20.79	72.74	9.42	0.07	9.42	4.14	0.07	4.14	27.26
变异前序列		15.87	37.02	21.05	73.94	9.08	0.05	9.08	3.90	0.05	3.90	26.06
变异后序列		15.24	36.00	20.58	71.82	9.67	0.09	9.67	4.33	0.09	4.33	28.18

(b) 黄金峡—略阳

情景	黄金峡	丰枯同步概率/%				丰枯异步概率/%						
		丰	平	枯	合计	丰	丰	平	平	枯	枯	合计
	略阳	丰	平	枯		平	枯	丰	枯	丰	平	
全序列		12.98	32.36	18.46	63.80	11.59	0.46	11.56	6.09	0.46	6.09	36.25
变异前序列		11.60	30.26	16.74	58.60	12.44	0.96	12.44	7.30	0.96	7.30	41.40
变异后序列		11.43	30.03	16.51	57.97	12.53	1.04	12.53	7.45	1.04	7.45	42.04

由于引嘉济汉工程直接对黄金峡水库补水，主要影响到黄金峡水库的入库径流过程。因此，本章主要分析了嘉陵江略阳取水口径流和黄金峡水库入库径流，以及三河口水库入库径流和黄金峡水库入库径流的丰枯遭遇状况。由表 7－1 中的结果可知，变异前后径流序列的丰枯遭遇状况和全序列的丰枯遭遇状况比较一致，说明虽然径流序列发生了变异，但是其丰枯遭遇状况保持稳定。主要原因是三水源的时空距离比较接近，且流域下垫面状况比较一致，导致径流变异基本同时发生在三水源之间，使其丰枯遭遇状况保持一致。对于引汉济渭工程水资源调配来说，调度的不确定性主要来源于调水区径流的不确定性。

因此，根据以上分析，本章提出的不确定性分析框架，主要包含以下几个部分，主要的评估步骤如图 7－1 所示。

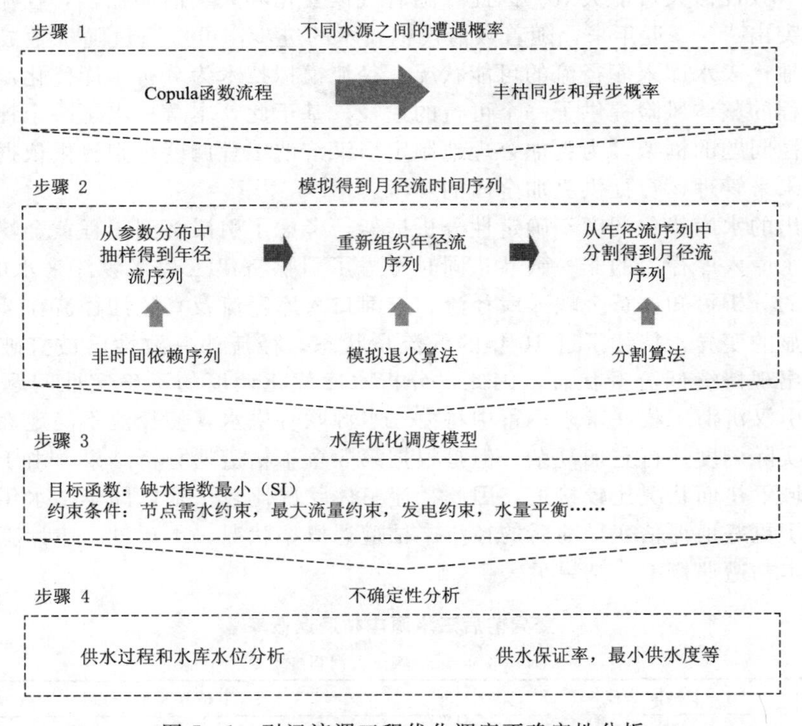

图 7－1　引汉济渭工程优化调度不确定性分析

（1）依据历史样本分布抽样得到非时间依赖性序列。

（2）考虑不同径流的丰枯遭遇稳定性，将非时间依赖性序列重新组织为新的时间序列。

（3）将新的时间序列应用于水库优化调度模型当中，定量评估引汉济渭工程的优化调度的不确定性。

其中，Copula 函数的主要步骤在第 3 章中已经有介绍，在此不再赘述。引汉济渭工程的水库优化调度模型在第 4 章和第 5 章中已经建立，本章继续沿用这些模型，主要分析调度模型不确定性。以下主要介绍不确定性分析框架中步骤 2 的相关方法。由于抽样方法在径流模拟中已经比较成熟的被利用，本研究中抽样方法采用拉丁超立方采样方法（LHS），抽样的历史分布经过优选后采用 P－Ⅲ型分布，可较好地拟合历史经验分布。该

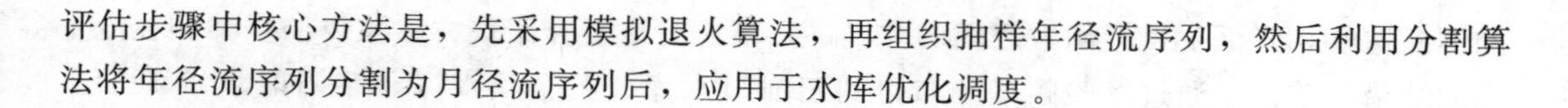

评估步骤中核心方法是，先采用模拟退火算法，再组织抽样年径流序列，然后利用分割算法将年径流序列分割为月径流序列后，应用于水库优化调度。

7.1 基于模拟退火算法的再组织时间径流序列

由于大部分地区缺乏长系列水文资料，合成水文学在水文中有着悠久的应用历史，合成水文学在水资源系统分析中也得到了广泛的应用。通过相关水文变量采样，扩展了可能的水文时间序列集合。合成径流生成方法的发展历史从经典的自回归模型（如 lag－1 模型和自回归移动平均模型）到非参数化方法（如块引导模型和 k－nearest 领域重采样模型），然后到最新的成果（基于小波的方法，基于熵的理论方法和基于 Copula 理论的模型）。所有这些方法都是基于历史径流数据一致性的假设，即未来径流时间序列将保持和历史一致[109-110]。Borgomeo 等[111]于 2015 年提出了一种基于模拟退火算法的综合径流生成方法。该方法允许改变一些用户指定的径流特性，同时保持径流分布的其他一些重要特性不变。该方法自提出之后，被广泛应用于水资源系统不确定性分析当中。该方法的理论基础是，将径流生成问题视为组合优化问题，并找到符合统计目标的时间序列（例如，均值、自相关系数等）。通过从金属退火过程中凝练出的模拟退火算法，提供了解决组合优化问题的途径。在模拟退火算法中，不同温度下的金属状态是组合优化问题的不同解，算法的目标函数是系统的整体能量状态，在模拟过程中不断降低能量状态以使系统能量最小，达到稳定状态。

综合径流生成方法思路是，用模拟退火算法再组织抽样，得到的非时间依赖性序列，以匹配用户指定的一组径流特征。例如，存在一组用户想要保存在生成径流中的径流特征 $S=\{S_1,S_2,\cdots,S_k\}$，这组径流特征在算法开始之前就已经被选择。模拟退火算法的目标函数可计算目标 S 和模拟 S^s 之间的差异，该目标函数表示为

$$O=\frac{1}{O_0}\sum_{k=1}^{k}w_k(S_k-S_k^s)^2 \tag{7-1}$$

式中：k 为用户指定的径流的数量；O_0 为目标函数的初始值；w_k 为不同特性的权重值，用来确定每一个径流特性对目标函数的贡献。

上述方法被用来重新组织抽样得到的非时间依赖性序列。尽管该方法能被用来评估变化环境影响下的径流序列，但是本节的目的是处理引汉济渭工程的径流丰枯遭遇引起调度的不确定性问题。因此，为了生成各种可能的径流时间序列，同时保持不同水源丰枯遭遇状态的稳定，本节考虑目标函数应包含两个结构，即径流的自身自相关系数和不同水源之间的互相关系数，具体目标函数可以表示为

$$O=\frac{1}{O_0}[w_I(S_I-S_I^s)^2+w_C(S_C-S_C^s)^2] \tag{7-2}$$

式中：S_I 和 S_I^s 为观测径流和模拟径流之间的自相关系数；S_C 为不同水源之间的观测径流的互相关系数；S_C^s 为不同水源之间的模拟径流和观测径流的互相关系数；w_I 和 w_C 为不同目标函数结构的权重系数，在本研究中被设置为 1。

当目标函数达到最小值或者最大迭代次数完成时算法停止，该过程通过模拟退火算法

的不断迭代，降低了目标函数之间的差异。以下部分主要介绍该方法主要的步骤和径流生成的结果。首先，通过经验频率分布得到三河口水库、黄金峡水库和略阳取水口 1954—2010 年的观测年径流序列分布；然后，通过拉丁超立方采样得到样本序列，如图 7-2 所示。

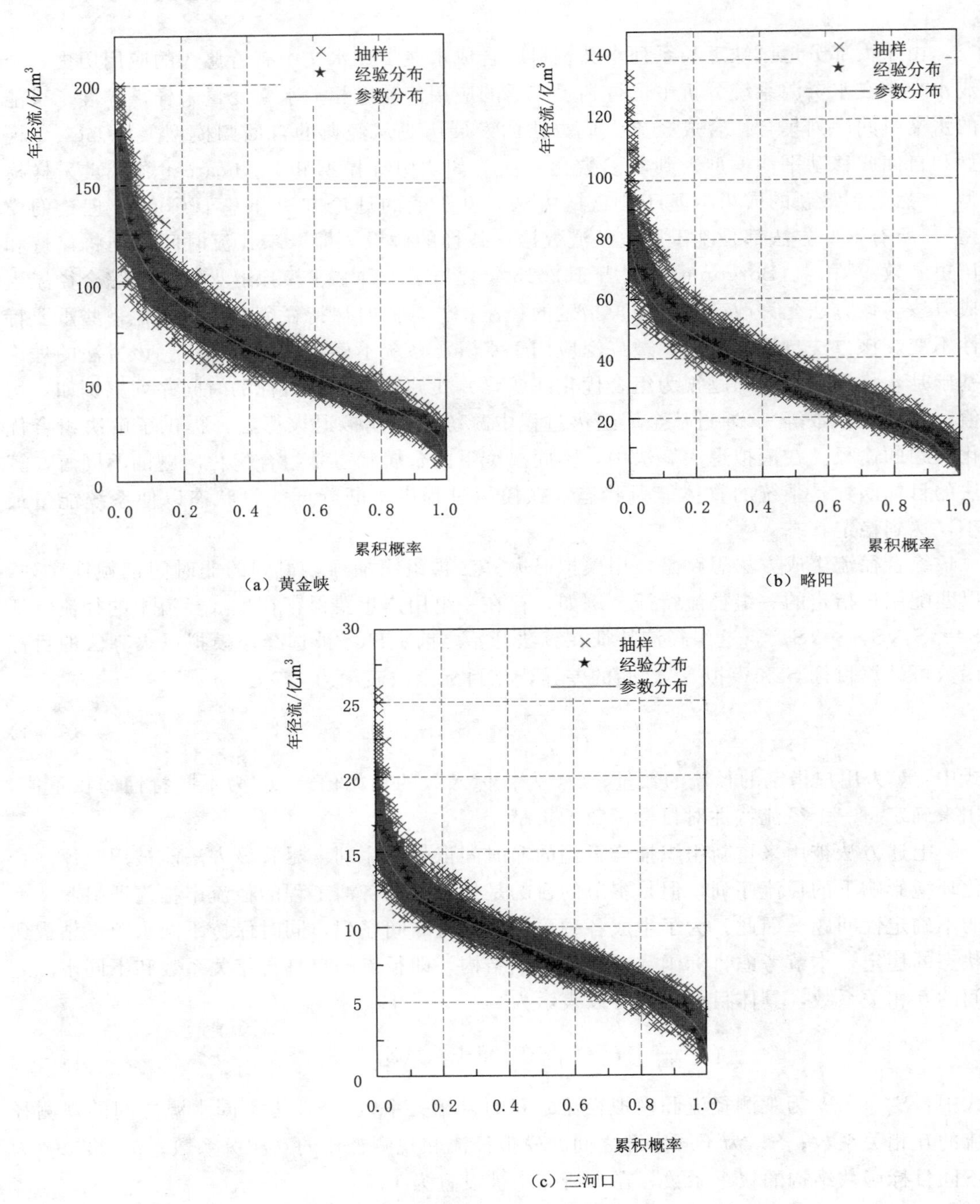

图 7-2　拉丁超立方采样分布

由图 7-2 可知，经验分布和拟合得到的参数分布具有较好的拟合度，说明从参数分布中抽样得到样本序列，可正确地代表不同水源可能的径流状况。为了说明该采样结果能充分代表可能出现的径流状况，选择样本序列的均值（Me）、中值（Med）、标准差（Std）和上下四分位数（Iqr）间距来进一步分析，所得结果如图 7-3 所示。

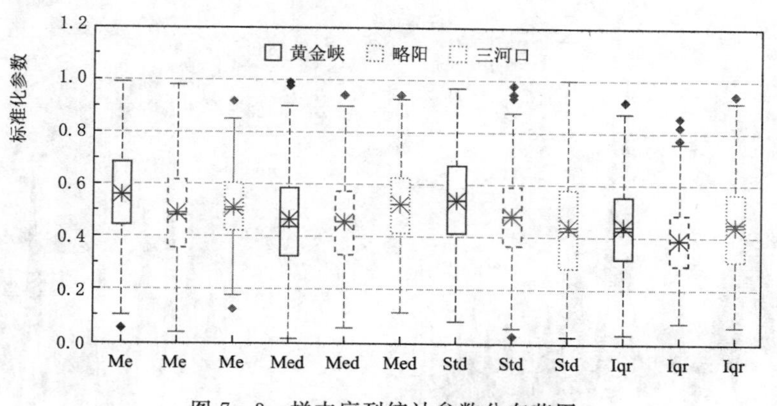

图 7-3 样本序列统计参数分布范围

由图 7-3 可知，样本序列的均值、中值、标准差和上下四分位数间距在 0～1 之间都有分布，分布范围比较大且均匀，说明采样得到的样本序列可以较为充分地代表不同水源未来可能出现的多样性径流状况。

根据以上的抽样结果，应用模拟退火算法，将抽样得到的非时间依赖性样本序列重新组织为时间序列。为了保证结果的多样性，本节在设置目标函数时，保持 10%的结构性差异，即当目标函数值和期望值之间的差异为 10%时，算法停止迭代。图 7-4 为算法停止迭代后的目标函数值，也就是自相关系数和互相关系数之间的差异值。该结果表明，用模拟退火算法再组织时间序列是可行的，得到的结果符合预期；同时，表明相关系数的差异都处于预先设定的范围，保证了再组织后所得径流结果的多样性。

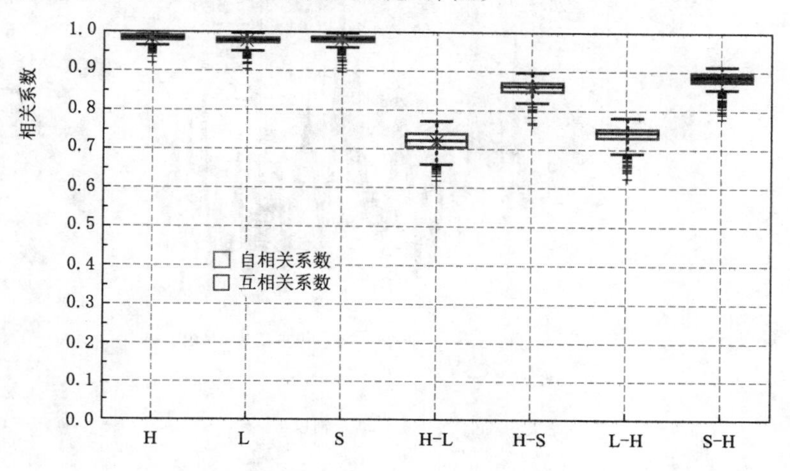

图 7-4 模拟退火算法目标函数值

图 7-5 展示了最终得到的径流时间序列。可以看出，生成的径流序列和历史径流序列在整体分布上保持了比较一致的状态，在极大值极小值方面有一定的差异。由于水库调度模型中要求输入数据为长系列月尺度径流数据，因此需要把生成的年径流时间序列，通过分割算法降尺度为月尺度径流序列。

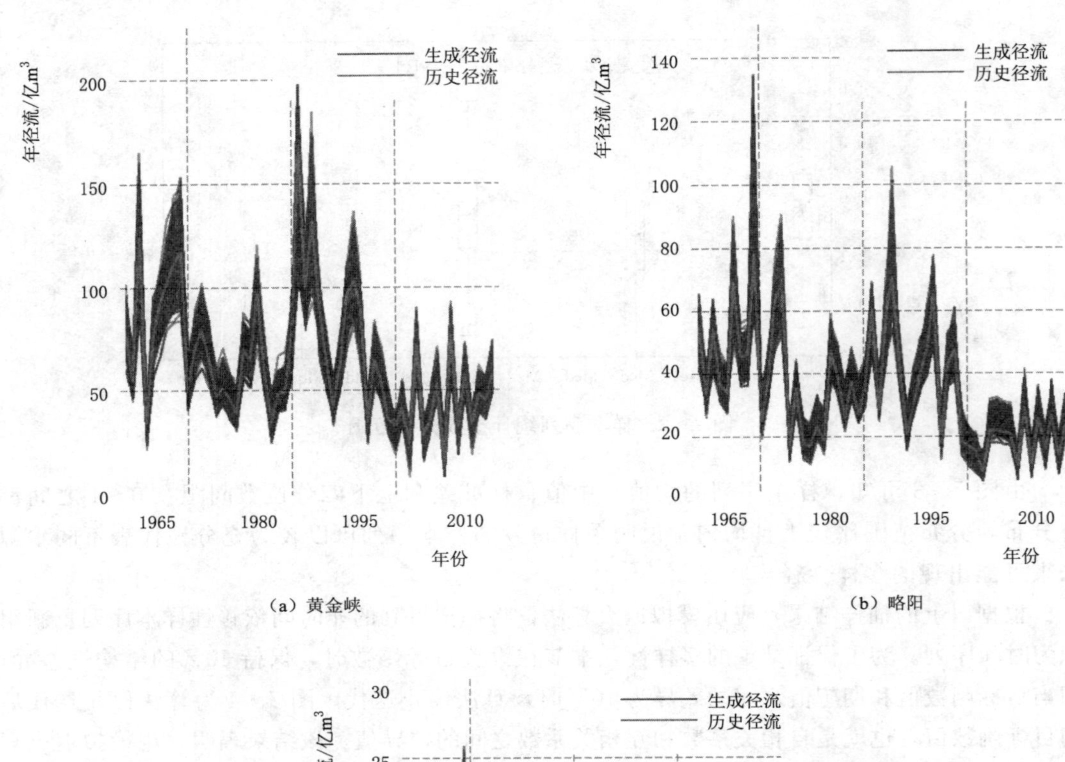

(a) 黄金峡　　(b) 略阳

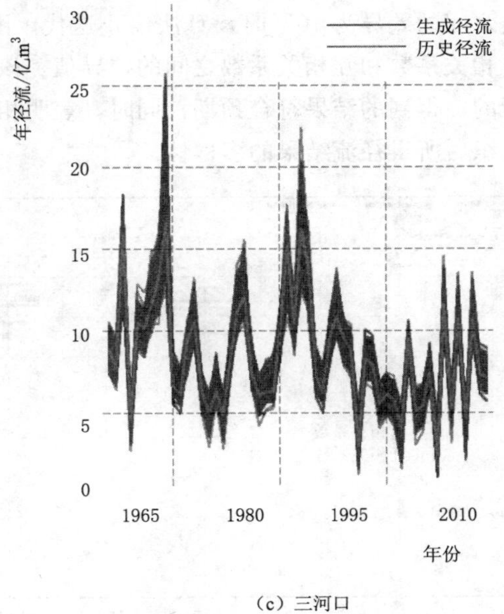

(c) 三河口

图 7-5　生成的径流序列和历史径流序列对比

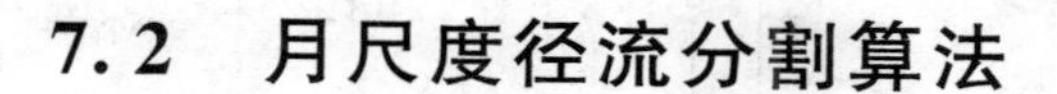

7.2 月尺度径流分割算法

本节研究中，需要采用月径流序列评估引汉济渭工程水库优化调度模型的可靠性和不确定性，因此生成的年径流序列需要降尺度，得到月径流序列。该降尺度分割算法基于一个确定性过程，依据历史径流资料来分割生成的径流时间序列[112]。在这个方法中，分割概率的大小基于实测月径流值 $X_{k,j}$，实测月径流值被相应的年径流序列值 X_k 确定。在一个特定的年份 k 中，依据年径流大小被标准化的月径流序列形成了一个分割向量 g_k，它能够被表示为

$$g_k=\frac{X_{k,j}}{X_k}=\left[\frac{X_{k,1}}{X_k} \quad \frac{X_{k,2}}{X_k} \quad \cdots \quad \frac{X_{k,11}}{X_k} \quad \frac{X_{k,12}}{X_k}\right] \tag{7-3}$$

式中：$X_{k,j}$，X_k 为月径流量和年径流量（$j=1,2,\cdots,12$，$k=1,2,\cdots,N$）。

如果观测资料长度为 N 年，所有年份的分割向量集成一个综合的分割矩阵 $\mathbf{g}$。在这个矩阵中，年径流量需要被预先从大到小排序，该分割矩阵如下所示：

$$\mathbf{g}=\begin{bmatrix} g_1 \\ \vdots \\ g_k \\ \vdots \\ g_N \end{bmatrix}=\begin{bmatrix} \dfrac{X_{1,1}}{X_1} & \cdots & \dfrac{X_{1,12}}{X_1} \\ \vdots & \cdots & \vdots \\ \dfrac{X_{k,1}}{X_k} & \cdots & \dfrac{X_{k,12}}{X_k} \\ \vdots & \cdots & \vdots \\ \dfrac{X_{N,1}}{X_N} & \cdots & \dfrac{X_{N,12}}{X_N} \end{bmatrix} \tag{7-4}$$

分割矩阵形成之后，相应的分割向量 g_i 就可以用来分割用模拟退火算法生成的年径流序列 X_i，使其被分割为 12 个月径流序列 $X_{i,j}$，即

$$X_{i,j}=g_iX_i \tag{7-5}$$

该方法最大的挑战在于选择正确的分割标准。由于年径流大小不一样，因此径流在年内的分配也不一样。在选择分割标准时，需考虑年径流量和年内径流分配之间的关系，按照年径流的大小选择相应的分割尺度。选择相应的分割尺度后，就可以将年径流序列分割为月径流序列。本节生成了 10000 组不同水源的年径流序列，将其全部分割为月尺度径流。由于数据量大，直接表达困难，本节选择均值、中值、标准差和上下四分位数间距来间接代表分割的结果，如图 7－6 所示。

由图 7－6 可知，分割得到的月径流序列统计值与历史径流序列的统计值整体趋势是一致的，分割得到的月径流序列统计值能够较好地捕捉历史径流的统计特征。分割得到月径流序列的极大值与历史径流序列具有较大的差异，极小值的差异较小。说明径流生成方法主要影响了径流的极大值，即主要对丰水季节有影响；在枯水季节分割得到的径流序列统计值和历史统计值在相应月份没有显示出较大的差异。同时，由于分割径流依赖于历史径流序列，从标准差和上下四分位数间距可以看出，分割得到的径流序列的分布范围和历史径流较为一致。

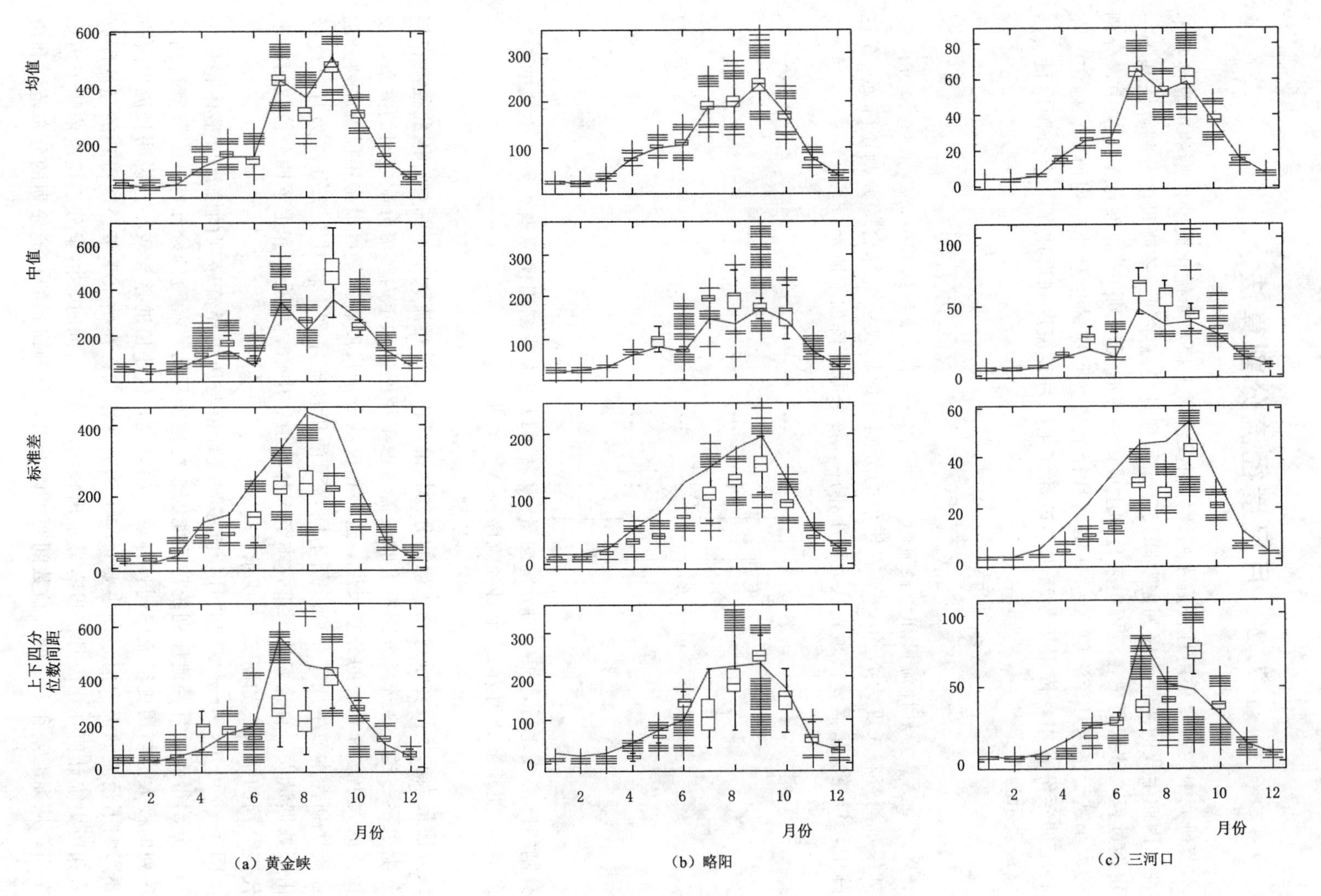

图7-6　分割后的月径流序列统计值和历史统计值对比结果

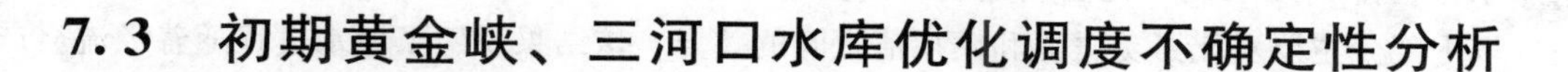

7.3 初期黄金峡、三河口水库优化调度不确定性分析

依据在第5章建立的引汉济渭工程优化调度模型，本节不考虑引嘉入汉新水源补充下引汉济渭工程每年平均调水10亿 m^3 和15亿 m^3 两种调度情景，以评估引汉济渭工程的调度不确定性问题。将上节生成的10000组不同水源的径流时间序列输入调度模型当中，由于优化调度模型算法本身较为复杂，多情景计算时计算效率会进一步下降，本节采用并行算法求解该优化调度模型。求解得到的三河口水库年末消落水位过程和工程年供水过程如图7-7所示。

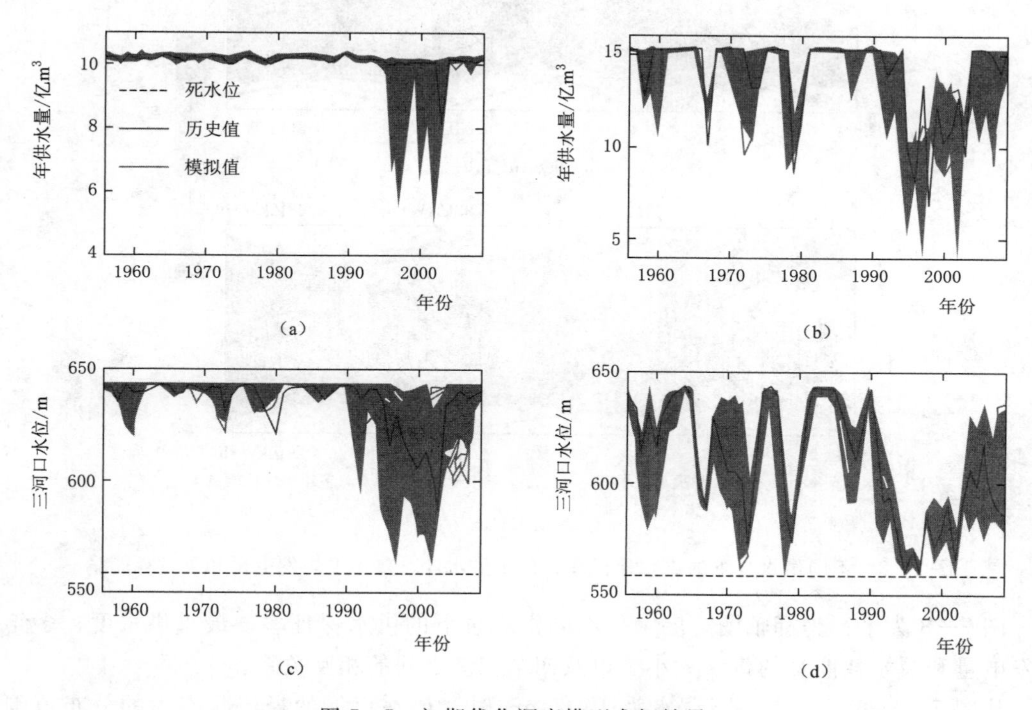

图7-7 初期优化调度模型求解结果

图7-7(a) 为均匀调水10亿 m^3 的年调水过程。可以看出：模拟的供水过程和实际的调水过程趋势比较一致；但是随着径流的增加或者减少，导致调水过程出现了较大幅度的波动，径流过程对调水过程的影响较为显著。

图7-7(b) 为调水10亿 m^3 时的三河口水库水位过程。三河口水库水位在所有调度时期内基本都处于高水位运行水平；到极端枯水年时水库水位下降剧烈，但是也无法满足工程的调水需要。工程的调水量不足对水库水位下降有一个明显的延迟响应，说明水库依靠蓄水抵御了枯水初期的工程调水不足，但是发生持续枯水年时三河口水库调蓄能力明显不足。

图7-7(c) 和图7-7(d) 为调水15亿 m^3 的年调水过程，随着调水量的增加工程调水过程出现了较大幅度的波动，受长江水利委员会可调水量的限制，基本上在枯水年都出现了不同程度的调水不足。三河口水库水位也出现了较大幅度的波动；在极端枯水年份，

水库水位下降到死水位，无法满足调水的要求。

以上部分主要对比了历史值和模拟值之间的差异，该结果说明了调水过程随着径流会产生较大幅度的变化，历史值和模拟值的趋势较为一致说明了结果的可靠性。接下来，主要评估工程调水过程的一系列效益指标在历史值和模拟值之间的差异及其分布范围。本节选取评估指标为供水保证率、最小供水度、多年平均发电量和泵站耗能量，结果如图 7-8 所示。

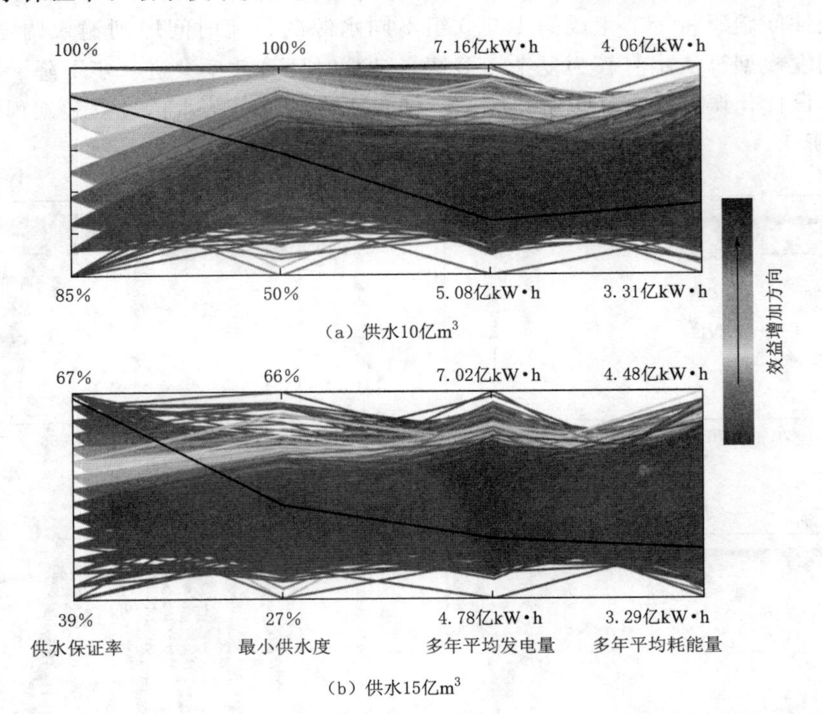

图 7-8　不同供水量下的供水保证率、最小供水度、多年平均发电量和泵站耗能量

图 7-8 为平行坐标轴图，展示了不同供水量下的供水保证率、最小供水度、多年平均发电量和泵站耗能量的量级大小，以及四个变量之间的相互关系。

从图 7-8 可以看出，当调水为 10 亿 m^3 时，P 在可能的径流状态下的分布范围为 85%～100%，即考虑未来径流的不确定性状态时，供水保证率可能处于的最大范围值；最小供水度在 50%～100%之间都有分布，从确定性的历史径流来看［图 7-8(a) 中黑色折线］，供水保证率和最小供水度都满足要求；但考虑了未来径流的不确定性时供水保证率和最小供水度在未来都有可能不满足需水要求，要求工程管理者未雨绸缪，时刻警惕由于径流不确定性而带来缺水的风险。

引汉济渭工程的工程设计多年平均发电量为 5.19 亿 kW·h，考虑不确定性径流过程后得到的发电量分布范围为 5.08 亿～7.16 亿 kW·h 之间。结果表明引汉济渭工程的发电潜力较大，需要在实际运行中深入挖掘，保证工程的综合效益最大。从抽水泵站耗能结果来看，工程设计的泵站耗能量为 4.04 亿 kW·h，而计算得到的泵站耗能分布在 3.31 亿～4.06 亿 kW·h 之间，相比设计值通过优化调度之后该耗能量有明显的下降。表明通过水库泵站的联合优化运行之后保证供水的同时减少了泵站耗能量，增加了电站的发

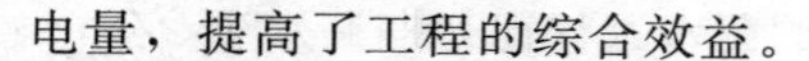
电量，提高了工程的综合效益。

在调水为15亿 m³ 时，供水保证率和最小供水度都有明显的下降，其分布范围如图7-8(b)所示。随着供水量的提高其对供水过程的影响巨大，该供水保证率不能满足工程设计的要求。从发电和耗能方面来看，发电量基本保持稳定的状态，耗能略有增加。工程在未来运行时受到径流来水不确定性的影响，导致工程的各项指标存在较大的不确定性，工程通过优化调度之后可以显著地降低耗能和增加发电量，系统在保证净电量为正的同时，降低了径流来水不确定性对工程的影响，为工程的安全高效运行提供了保证。

7.4 正常运行期黄金峡、三河口水库优化调度不确定性分析

本节主要分析有引嘉济汉工程的引汉济渭工程正常运行期的调度不确定性问题。采用第5章建立的工程正常运行期优化调度模型，分别为有新水源条件下每年调水15亿 m³ 和有新水源条件工程的最大供水潜力两个模型。需要强调的是，以上模型都严格按长委可调水量的约束，以保证南水北调中线工程供水安全。由于未来引汉济渭工程有三个水源，工程调度的不确定性问题势必更加突出，因此合理评估径流来水不确定性下的工程调度问题显得尤为重要。

本节将7.2节生成的10000组不同水源的长系列月径流过程输入优化调度模型当中，通过模型的求解，得到的工程供水量和三河口水库的水位过程，如图7-9所示。

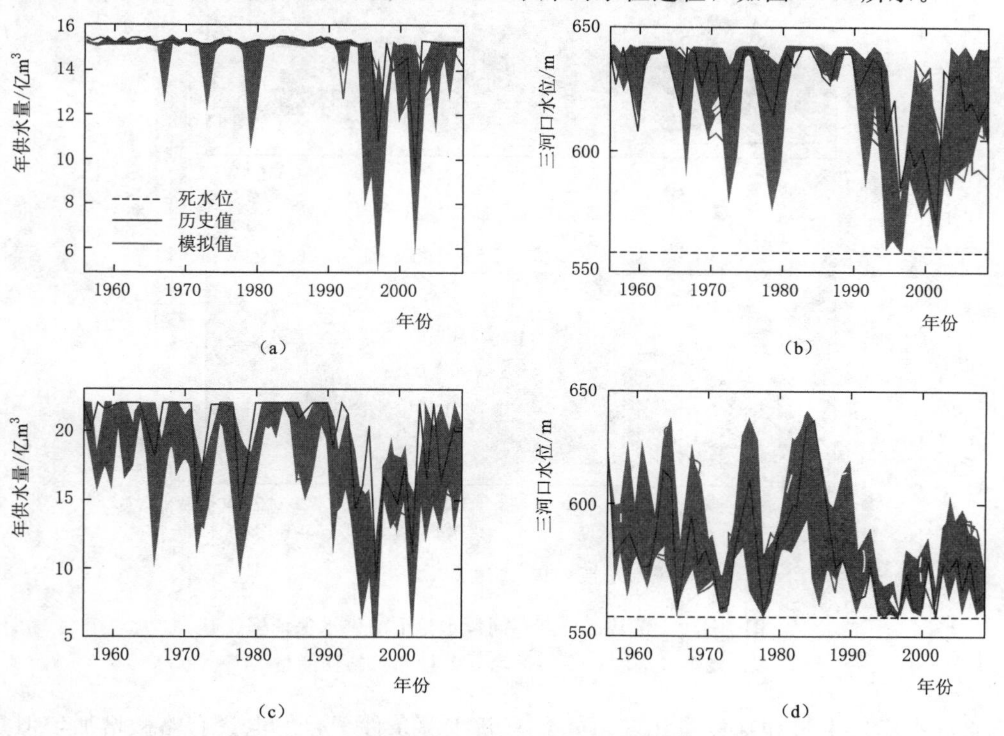

图7-9 有引嘉济汉新水源的水库优化调度模型求解结果

由图7-9(a)可知，在有新水源条件下调水15亿m^3的调水过程比初期调水15亿m^3的调水过程［图7-7(a)］要更加平稳，除了在极端枯水年份中出现供水不足，在一般枯水年份中均可以满足供水，且缺水量有显著的降低。三河口水库水位在大部分调水期中处于较高的水平，在极端枯水年份中降到死水位，无法满足供水，其可利用的调节库容在枯水初期为零。

由图7-9(b)可知，当每年调水22亿m^3时调水过程出现了明显的波动状态，丰枯差异较大，且三河口水库水位在调水期都处于较低的水位，库空、库满转换较为频繁。

图7-10展示了正常运行期不同调水量下的保证率、最小供水度、多年平均发电量和泵站耗能量的不确定性评估结果。由结果可知：在有引嘉济汉新水源条件下的引汉济渭工程的供水保证率有显著的增加，说明引嘉济汉对引汉济渭工程的补水作用比较显著，且最小供水度也有相应的增加，但是最小供水度的极小值和没有新水源条件下的供水度极小值较为一致。说明当引汉济渭工程三河口水库和黄金峡水库的来水不足时，嘉陵江对引汉济渭工程的补水作用在此时也极为有限，这是由于客观的来水量不足决定的。在工程调水量为22亿m^3时，按照调水15亿m^3的保证率和最小调水度变化很小，但是和调水15亿m^3相比有略微的下降。主要原因是：需水量增加后，供水优先满足目前时段的需水导致后面的时段可能会出现调水的不足。

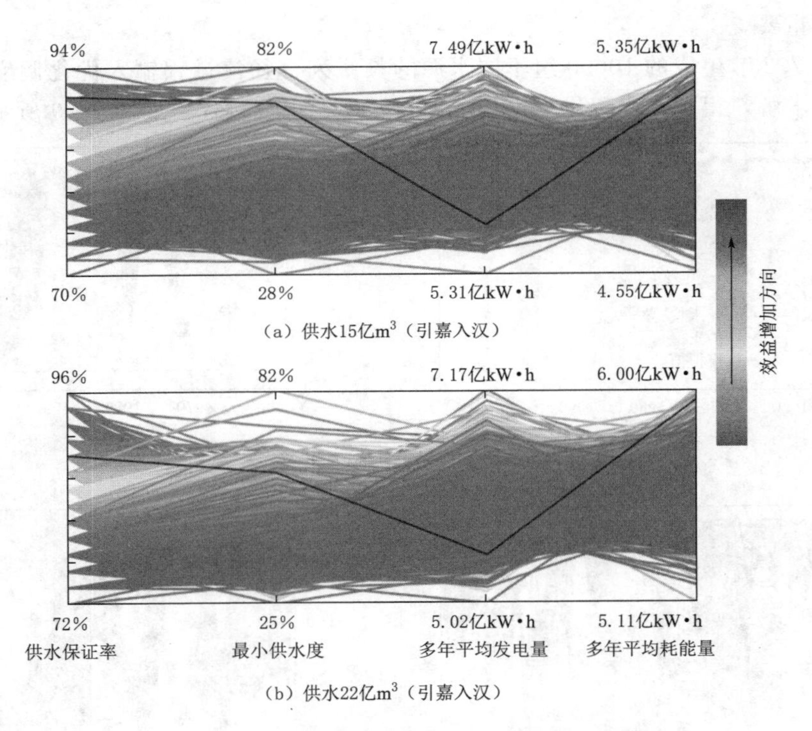

图7-10 正常运行期不同调水量下的供水保证率、最小供水度、多年平均发电量和泵站耗能量

通过水库发电量和耗能量比较可知，有新水源条件下，发电量有略微增加，但是耗

能量增加的比较多，说明供水量的增加导致耗能量也增加。从发电和耗能的结果来看，发电量基本都大于泵站提水的耗能，可以保证引汉济渭工程的能源自给，降低工程供水成本。

7.5 径流丰枯遭遇对工程供水保证率的影响分析

为了说明供水水源的丰枯遭遇对工程供水保证率的影响，本节依据生成的径流序列，探究了工程供水保证率和不同水源丰枯遭遇概率之间的关系，结果如图 7－11 所示。

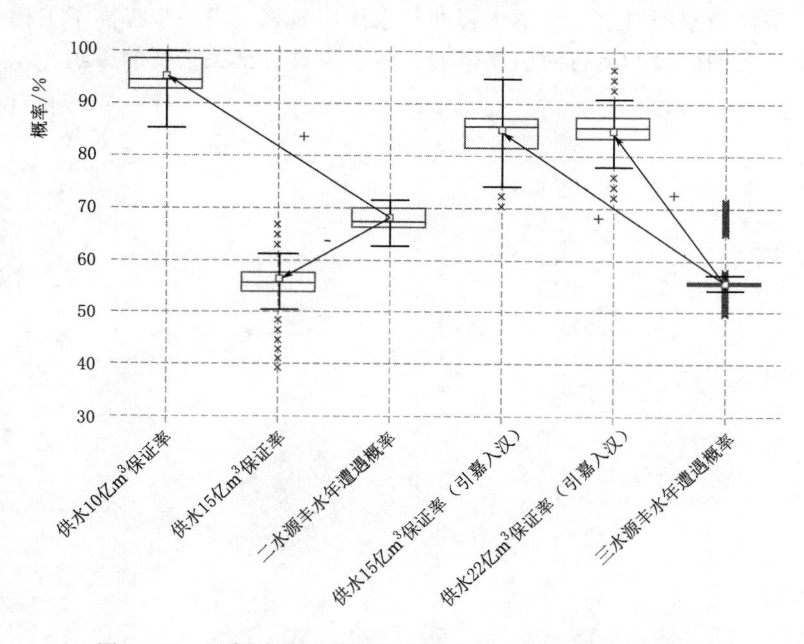

图 7－11 不同水源丰枯遭遇概率和供水保证率之间的关系

由图 7－11 可知，在引汉济渭工程运行调水为 10 亿 m^3 和 15 亿 m^3 的条件下，供水水源只有黄金峡水库和三河口水库两个水源，二水源的丰水年遭遇概率分布在 60%～70%，小于调水 10 亿 m^3 的供水保证率，说明在供水水源均为丰水年或平水年的情况下可以完全满足供水，且三河口水库的调节库容可进一步提高工程的供水保证率。二水源的丰水年遭遇概率大于调水 15 亿 m^3 时的保证率，说明即使这两个水源都为丰水年或平水年的情况下也不能满足供水，且通过三河口的调节库容亦不能满足供水的需求。

在引汉济渭工程正常运行期三水源共同供水下，丰水年遭遇概率分布在 50%～60%之间；调水 15 亿 m^3 的供水保证率远大于这个遭遇概率，说明有引嘉济汉新水源对引汉济渭工程显著的补水作用，三河口水库有更多的余水可进一步提高工程的供水保证率。在最大供水量的情况下，相对 15 亿 m^3 的供水保证率也大于三水源的丰水年遭遇概率，进一步说明引嘉济汉工程对引汉济渭工程的补水作用。从以上结果可以看出，引嘉济汉工程的建设和运行对引汉济渭工程来说至关重要。

7.6 本 章 小 结

本章研究了优化调度模型在径流不确定性条件下的水库-泵站-电站协同调度问题，主要结论如下：

(1) 受未来径流来水不确定性的影响，工程的各项指标亦存在较大的不确定性；工程通过三水源优化调度之后可显著地降低耗能和增加发电量，不仅保证系统净电量为正，同时降低了径流来水不确定性对工程的影响，为工程的安全高效运行提供了保证。

(2) 引嘉济汉新水源对引汉济渭工程的补水作用显著，进一步提高了工程的供水保证率，引嘉济汉工程的建设和运行对引汉济渭工程来说具有至关重要的影响。

第8章　不同调水量的嘉陵江生态效益分析

引嘉入汉调水工程是陕西省引汉济渭调水工程的后续水源工程，对于补充引汉济渭工程调水量，保证工程达到远期调水目标具有战略性的意义。引嘉入汉调水工程的取水口位于嘉陵江干流之上，这就不可避免地会对嘉陵江略阳以下的河流造成影响。若引嘉入汉工程调水量过大，可能会导致嘉陵江生态环境恶化；调水量过小，则使引汉济渭工程的补充作用达不到预期效果。因此，在现阶段工程规划的前期就应该进一步加大对嘉陵江调水和生态之间相互影响的研究力度，尽可能在保证调水量的同时维持嘉陵江生态健康，为保证引嘉入汉工程的顺利实现提供科学合理的理论基础。

8.1　SPI指数划分径流典型年系列

8.1.1　SPI指数简介

标准化降水指数[113-114]（Standardized Precipitation Index，SPI）是基于长系列降水数据来反映干旱特征（频率、持续时间、空间分布模式和烈度等）的一种方法。1993年美国学者McKee，Doesken和Kleist研究了降水对地下水、水库蓄水、土壤含水和径流等的不同影响后，提出了SPI指数。根据GB/T 20481—2006《气象干旱等级》的定义，标准化降水指数是表征在某地区内某时段降水出现概率大小的指标，其适用范围为时间尺度为月以上的相对于当地气候状况的干旱情况的监测与评估。SPI采用Γ分布概率来定量表征该区域降水量的变化状况，通过将降水量的偏态概率分布应用正态标准化转换，得到标准化后的降水频率累积分布以区分不同等级的干旱。该指标由于其简单性和适应性，消除了降水在时空上的差异，可以很好地反映干旱的变化，在多时间尺度的处理上优势明显，近年来得到广泛的应用。

SPI的计算是依据降水的概率密度函数推求其累积概率分布，再将累积概率分布转化为标准正态分布。若某一时期观测的降水量为x，则Γ分布由其频率或概率密度函数来定义为

$$g(x)=\frac{1}{\beta^{\alpha}\Gamma(\alpha)}\chi^{\alpha-1}e^{-x/\beta} \tag{8-1}$$

式中：$\alpha,\beta>0$，分别为形状和尺度参数；x为变量降水量；$\Gamma(\alpha)$为Gamma函数。

不同时间尺度下的形状和尺度参数用极大似然法计算，其计算公式为

$$\left.\begin{aligned}\alpha&=\frac{1}{4A}\left(1+\sqrt{1+\frac{4A}{3}}\right)\\\beta&=\frac{\overline{x}}{\alpha}\end{aligned}\right.\tag{8-2}$$

$$A=\ln\overline{x}-\frac{\sum\ln x}{n}\tag{8-3}$$

式中：n 为降水数据的个数。

得到的形状和尺度参数用于计算在一定时间尺度下的降水累积概率，降水累积概率的计算公式为

$$G(x)=\int_0^x g(x)\mathrm{d}x=\frac{1}{\beta^\alpha\Gamma(\alpha)}\int_0^x x^{\alpha-1}\mathrm{e}^{-x/\beta}\mathrm{d}x\tag{8-4}$$

由于 Gamma 函数在 $x=0$ 处没有定义，但是实际的降水事件可能包含降水量为零的情况。因此实际的累积概率分布为

$$H(x)=q+(1-q)G(x)\tag{8-5}$$

式中：q 为降水为零的概率。

得到累积概率函数 $H(x)$ 后，经过标准状态转换可以得到在标准化下的 SPI 标准正态分布函数，其计算公式为

$$\left.\begin{aligned}Z=\mathrm{SPI}&=-\left(t-\frac{c_0+c_1t+c_2t^2}{1+d_1t+d_2t^2+d_3t^3}\right),\quad 0<H(x)\leqslant 0.5\\Z=\mathrm{SPI}&=+\left(t-\frac{c_0+c_1t+c_2t^2}{1+d_1t+d_2t^2+d_3t^3}\right),\quad 0.5<H(x)\leqslant 1.0\end{aligned}\right\}\tag{8-6}$$

其中：

$$\left.\begin{aligned}t&=\sqrt{\ln\left(\frac{1}{[H(x)]^2}\right)},\quad 0<H(x)\leqslant 0.5\\t&=\sqrt{\ln\left(\frac{1}{[1.0-H(x)]^2}\right)},\quad 0.5<H(x)\leqslant 1.0\end{aligned}\right\}\tag{8-7}$$

式中：$c_0=2.515517$，$c_1=0.802853$，$c_2=0.010328$，$d_1=1.432788$，$d_2=0.189269$，$d_3=0.001308$。

8.1.2　典型年系列的划分

考虑引嘉入汉工程略阳取水口处径流的年际变化规律，利用 SPI 指数将略阳站 1954—2010 年的年径流实测数据划分为枯水年、平水年和丰水年三个典型年系列。依据 SPI 的计算方法，略阳取水口的年径流系列累积频率曲线如图 8-1 所示。略阳取水口处的年径流系列符合 Gamma 分

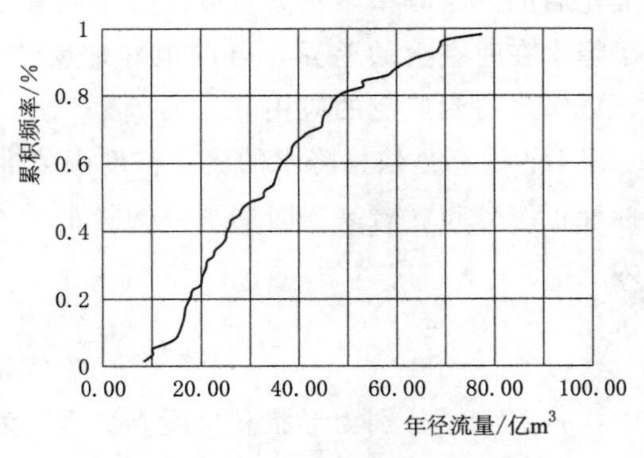

图 8-1　年径流系列累积频率曲线

布，根据式（8-2)和式（8-3）用极大似然法计算得到其形状和尺度参数分别为 $\alpha=3.8593$，$\beta=8.8959$。

SPI 的形状和尺度参数计算得到后根据式（8-6）和式（8-7）计算其 SPI 指数。根据 SPI 指数的定义，确定 SPI 指数在（−0.5，0.5）的范围内的年径流系列为平水年系列；SPI 指数小于−0.5 的年径流系列定义为枯水年系列；SPI 指数大于 0.5 的年径流系列定义为丰水年系列，根据以上方法将略阳取水口的年径流系列划分为三个相应的典型年系列。计算得到的 SPI 累积频率曲线及其对典型年径流系列的划分结果如图 8-2 所示。

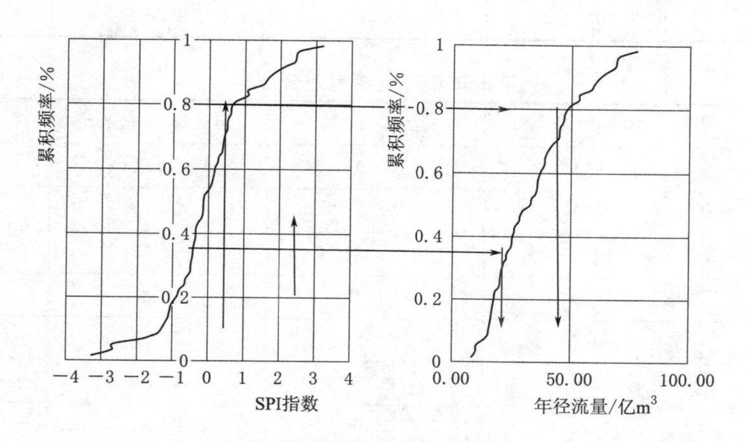

图 8-2　SPI 指数累积频率曲线划分典型年结果示意图

根据 SPI 的划分结果，在略阳年径流系列的划分结果中 SPI 值−0.5 对应的年径流值为 20.53 亿 m^3，SPI 值 0.5 对应的年径流量值为 44.93 亿 m^3。由此可知，略阳年径流系列大于 44.93 亿 m^3 的年份系列的丰水年系列，年径流小于 20.53 亿 m^3 的年份为枯水年系列，处于中间值的为平水年系列，即丰水年、平水年和枯水年系列分别有 16 年、25 年和 16 年。计算结果见表 8-1、表 8-2 和表 8-3。

表 8-1　　　　**枯水年年径流系列划分结果**

序　号	年　份	累积频率/%	年径流量/亿 m^3	SPI 值
1	1997	0.02	8.57	−3.25
2	2002	0.03	10.13	−2.68
3	2004	0.05	10.21	−2.66
4	2008	0.07	13.33	−1.78
5	1996	0.09	15.06	−1.39
6	2006	0.10	15.62	−1.28
7	1995	0.12	15.99	−1.20
8	1972	0.14	16.48	−1.11
9	1969	0.16	16.65	−1.08
10	1971	0.17	16.82	−1.05

续表

序　号	年　份	累积频率/%	年径流量/亿 m^3	SPI 值
11	1991	0.19	17.23	−0.97
12	1994	0.21	17.86	−0.86
13	1974	0.22	18.17	−0.81
14	1986	0.24	19.92	−0.66
15	2001	0.26	20.13	−0.64
16	2000	0.28	20.53	−0.53

表 8-2　　**平水年年径流系列划分结果**

序　号	年　份	累积频率/%	年径流量/亿 m^3	SPI 值
1	1998	0.29	21.11	−0.50
2	1999	0.31	21.12	−0.49
3	1973	0.33	22.55	−0.45
4	2009	0.34	22.84	−0.44
5	1965	0.36	24.33	−0.42
6	2005	0.38	25.05	−0.38
7	1977	0.40	25.21	−0.36
8	2007	0.41	25.92	−0.36
9	1979	0.43	26.21	−0.32
10	1982	0.45	27.84	−0.20
11	2003	0.47	28.41	−0.16
12	1987	0.48	29.68	−0.15
13	1957	0.50	32.88	−0.13
14	1960	0.52	33.09	−0.12
15	1970	0.53	34.76	−0.01
16	2010	0.55	35.31	0.06
17	1980	0.57	35.63	0.12
18	1959	0.59	36.09	0.15
19	1978	0.60	36.81	0.16
20	1966	0.62	38.17	0.24
21	1976	0.64	38.72	0.28
22	1988	0.66	38.95	0.36
23	1985	0.67	40.40	0.38
24	1992	0.69	41.85	0.41
25	1962	0.71	44.72	0.45

表 8-3 丰水年年径流系列划分结果

序　号	年　份	累积频率/%	年径流量/亿 m³	SPI 值
1	1955	0.72	44.93	0.50
2	1963	0.74	45.24	0.50
3	1975	0.76	46.36	0.55
4	1993	0.78	46.92	0.61
5	1989	0.79	47.66	0.63
6	1954	0.81	49.62	0.78
7	1958	0.83	53.31	1.09
8	1956	0.84	53.42	1.10
9	1983	0.86	58.50	1.54
10	1981	0.88	59.71	1.64
11	1967	0.90	61.76	1.81
12	1990	0.91	64.39	2.04
13	1961	0.93	68.37	2.38
14	1968	0.95	69.03	2.44
15	1984	0.97	69.99	2.53
16	1964	0.98	77.33	3.17

8.2 基于随机流量历时曲线的生态环境流量研究

8.2.1 随机流量历时曲线简介

河流天然状态下的流量律动是保持河流生态系统健康的关键因素，河流流量的强弱变化在不同时间尺度上对保持生态系统完整性有着不同的意义[115]。河流的丰枯变化为不同的水生生物的繁衍成长提供了不同的条件，河川径流的大小、持续时间、变化速率、时间分布特性等特征决定了河流水生态环境的发展方向和演化进程。流量历时曲线（Flow Duration Curve，FDC）的概念是由学者 Lytle[116] 在研究了河流不同条件下的流量对河流生态系统的影响后提出的，表征不同的流量大小在频率域上的变化。河流特定时段的流量历时曲线是指，其流量大小在一定频率域上持续的时间或者出现的频率，流量历时曲线按照不同的时段计算，得到的过程线代表了该段时间内流量在频率域上的变化。由于流量历时曲线对河川径流特征信息的提取比流量过程线要更加有效和合理，在有不同流量等级要求的河流管理当中比流量过程线要更加适用。

Sugiyama 等[117] 将年尺度（12 个月）的径流过程作为一个计算时段，在研究了流量历时曲线的年际变化后提出的计算一组流量历时曲线年系列的方法，即随机流量历时曲线

(Stochastic Flow Duration Curve，SFDC)。随机流量历时曲线的定义和流量历时曲线的定义基本上没有太大的差别，都是计算河川径流在频率域上的出现频率或持续时间。随机流量历时曲线包含有一簇曲线，从随机流量历时曲线获得的信息比单独的流量历时曲线要丰富和充分，体现了河川径流量在频率域上的分布特征和年际间变化的特征。在随机流量曲线簇通过取不同的流量下的历时频率，通过对该频率曲线下超过频率的计算可以得到相应的生态环境设计流量。例如通过随机流量历时曲线的基础，取得保证率为90%（枯水年份，重现期为10年）的历时曲线上超过频率为97%时的流量（用$Q_{97,90}$表示）是日本环境流量设计的重要参考指标。在中国的相关研究和应用显示，基于$Q_{97,90}$计算得到的河道生态环境流量与7Q10法等计算得到的生态需水量有很强的相关性[118-119]。随机流量历时曲线表征了河流流量在频率域上分布特征的年际变化情况，本节基于此考虑生态环境流量在年际的变化，在典型年系列流量历时曲线的基础上，应用随机流量历时曲线计算生态环境流量，其主要的计算和推求步骤如下：

(1) 求出典型年系列中特定年份的流量历时曲线。以特定水文年的实测日流量数据$q_{t,i}$为基础，求出该年内不同流量等级出现的频率，绘制得到该年的流量历时曲线(Annual Flow Duration Curve，AFDC)。

(2) 求典型年径流系列的随机流量历时曲线簇。根据长系列观测资料，将典型年系列的流量历时曲线绘制在同一个坐标系下，求得流域该典型年径流系列的SFDC。

(3) 求不同典型年径流系列下的随机流量历时特征曲线。按照已经求得的随机流量历时曲线簇上，按给定的保证率推求得到每一超过频率上对应流量大小，绘制出某一保证率水平下的流量历时曲线，同时提取出保证率$P=90\%$的曲线上超过频率为50%对应流量($Q_{50,90}$)，即可得到相应超过频率下的生态环境设计流量。

8.2.2　嘉陵江略阳取水口生态环境流量计算结果分析

本节的资料来源为引嘉入汉工程略阳水文站1954—2010年逐日长系列径流资料。根据SPI指数的划分典型年系列的结果，采用随机流量历时曲线法计算典型年系列的生态环境流量，具体求解过程以枯水年系列为例进行说明。

首先，以枯水年系列的逐日径流资料为基础，将每一年的流量历时曲线绘制在同一个坐标系下，如图8-3所示，得到枯水年系列的随机流量历时曲线；然后，在该典型年系列的随机流量历时曲线簇上以给定的保证率水平（取10%、15%、20%、25%、35%、50%、75%和90%），得到对应流量值，绘制在该保证率水平下的流量历时曲线，将不同保证率水平下的流量历时曲线绘制在同一个坐标系下，得到随机流量历时曲线的特征曲线，如图8-4所示。最后，在90%曲线上，求得超过频率为97%时对应的流量值，即为该保证率水平下的最小生态环境流量；在保证率为$P=90\%$的曲线上求得超过频率为50%对应的流量值，即为该保证率水平下的适宜生态环境流量。

同理，按照上述的计算方法，得到略阳取水口平水年和丰水年的随机流量历时曲线及其特征曲线如图8-5～图8-8。根据该生态环境流量的计算方法，求得相应的最小和适宜生态环境流量。

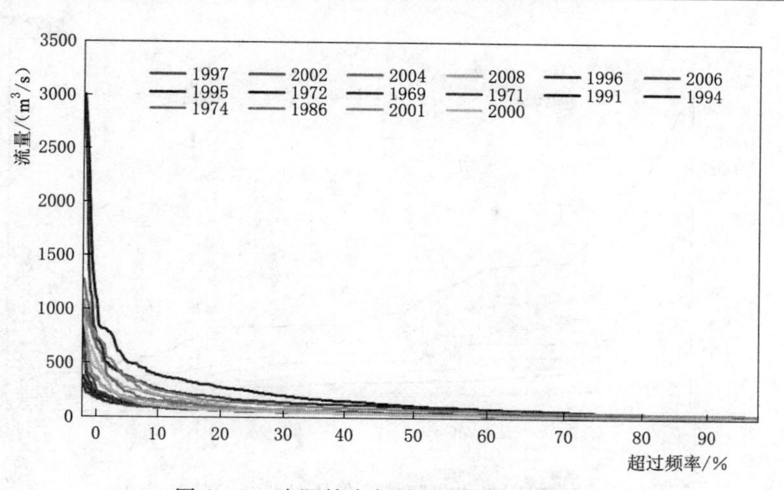

图 8-3 略阳枯水年随机流量历时曲线

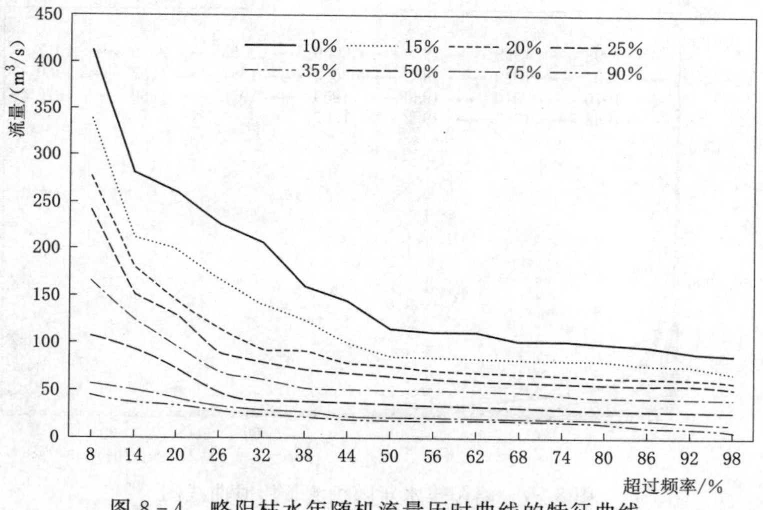

图 8-4 略阳枯水年随机流量历时曲线的特征曲线

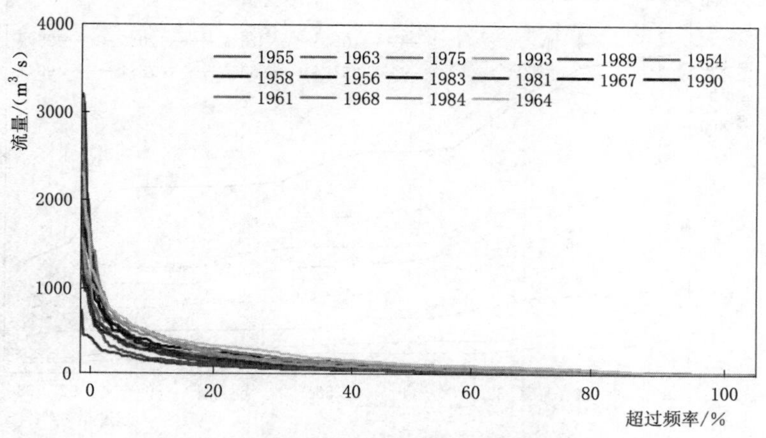

图 8-5 略阳平水年随机流量历时曲线图

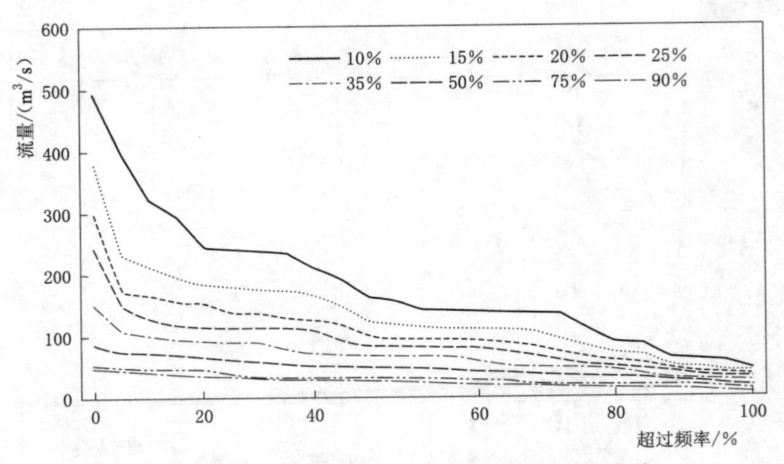

图 8-6　略阳平水年随机流量历时曲线的特征曲线

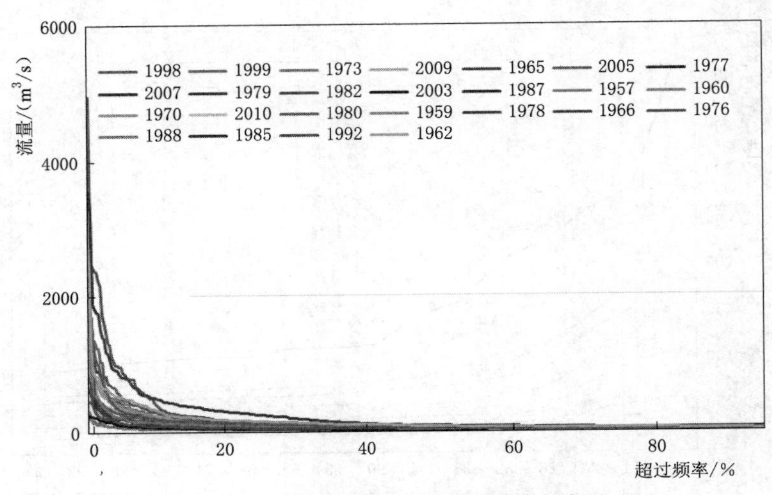

图 8-7　略阳丰水年随机流量历时曲线图

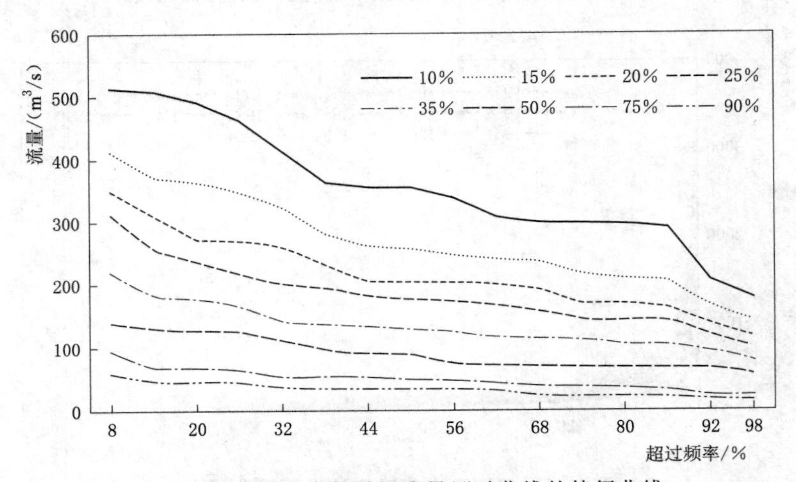

图 8-8　略阳丰水年随机流量历时曲线的特征曲线

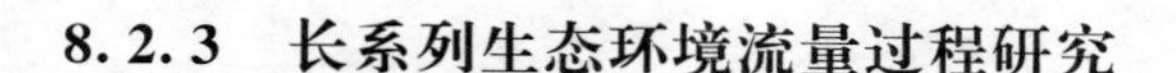

8.2.3　长系列生态环境流量过程研究

根据以上的求解结果可以得到保证率 $P=90\%$ 的特征曲线上超过频率分别为 97%和 50%的略阳取水口的生态环境流量值的大小，如表 8-4 所示。

表 8-4　　略阳生态环境流量计算结果

流量/(m^3/s)	典型年系列			流量/(m^3/s)	典型年系列		
	枯水年	平水年	丰水年		枯水年	平水年	丰水年
规划流量		21.60		$Q_{50,90}$	19.10	24.40	33.70
$Q_{97,90}$	7.68	9.52	16.30				

对略阳取水口而言，根据长系列径流资料计算其多年平均径流量为 34.2 亿 m^3，相应的典型年系列的多年平均水量分别为枯水年 15.8 亿 m^3，平水年 31.1 亿 m^3 和丰水年为 57.3 亿 m^3。工程规划的生态环境流量占典型年多年平均径流量的比例见表 8-5。从表中可以看出：

(1) 在工程规划的条件下，略阳取水口的生态环境流量占到枯水年多年平均径流的 43%；在 $P=90\%$ 的特征曲线上超过频率为 97%和 50%的生态环境水量相应占到了 15%和 38%。

(2) 在枯水年条件下，生态环境需水和调水量之间的矛盾比较突出，为了保证调水可适当降低生态环境的水量。

(3) 在丰水年条件下，略阳取水口来水比较丰富，可尽可能多调水；同时，丰水年处于河流水生生物繁衍的关键时期，应保证其需水量的要求，在某些时期应该增加相应的生态环境水量。

表 8-5　　生态环境水量及其占多年平均水量的比例

典型年	多年平均径流量/亿 m^3	生态环境需水量占多年平均水量比例					
		规划多年平均		$Q_{97,90}$		$Q_{50,90}$	
		水量/亿 m^3	比例	水量/亿 m^3	比例	水量/亿 m^3	比例
枯水年	15.79	6.81	0.43	2.42	0.15	6.02	0.38
平水年	31.08	6.81	0.22	3.00	0.10	7.69	0.25
丰水年	57.28	6.81	0.12	5.14	0.09	10.63	0.19

综上所述，本节推荐保证率 $P=90\%$ 的特征曲线上超过频率 50%的条件下，计算得到的流量过程为略阳取水口的生态环境流量过程。

计算得到的生态环境流量和工程规划的生态环境流量的关系如图 8-9 所示。从图中可以看出，考虑河流的流量在年际间的变化，可以客观地反映生态环境需水在不同年份的差异，比单一的流量值更加符合工程实际的需要。

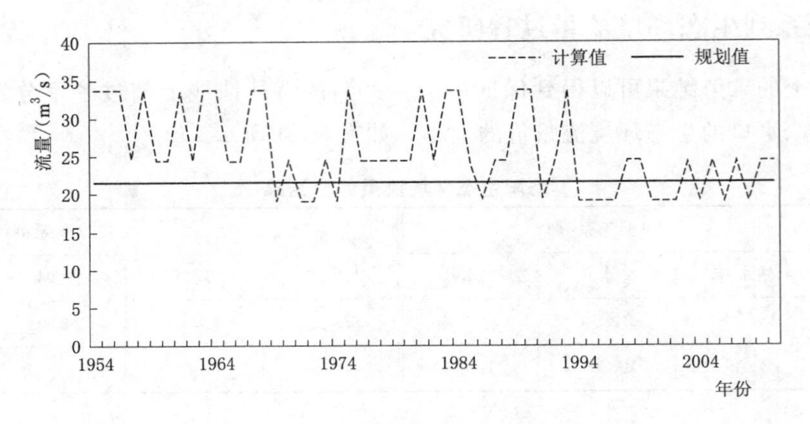

图8-9　略阳取水口生态环境流量

8.3　嘉陵江生态效益分析

8.3.1　RVA方法简介

本节采用水文变化度指标（Indicators of Hydrological Alteration，IHA）分析嘉陵江略阳取水口下游的生态效益。IHA方法是学者Richter[120]在1998年提出的一种评估河流水文指标改变程度的一种定量方法。由于其指标的繁杂性，在实际应用中很不方便。Richter等通过对其指标的合理性和亢余度分析，进一步概化出了一种表征河流在自然状态和受到气候变化及人类活动影响条件下，评估河流水文指标变化程度的定量方法，即变化范围法（Range of Variability Analysis，RVA）。RVA方法是IHA方法的具体和概化，通过5组32个不同的水文改变度指标，评估河流的自然状态和受到人类活动影响的水文特征参数的改变程度。RVA方法中包含的不同指标值见表8-6。表中的32个指标值按照其不同的参数特征，划分为5组分别表示河流径流特征的流量量级、发生时间、频率、持续性和由丰水到枯水的改变速率。

表8-6　　RVA流量参数

组别	内容	序号	RVA指标
1	月平均流量	1～12	各月流量的平均值
2	年极端流量	13～22	年最大，最小1，3，7，30，90日流量
		23	年最小7日平均流量/年平均流量
3	年极端流量发生时间	24～25	最大，最小1日流量发生时间
4	高低流量平均延时	26～27	每年发生高流量，低流量的次数
		28～29	高流量，低流量平均延时
5	流量变化改变率频率	30～31	流量平均减少率，增加率
		32	每年流量逆转次数

Richter 等建议取各个特征指标在频率为 75%和 25%之间作为 RVA 的目标范围。若径流特征指标值受到扰动后大部分措施仍包含在该目标范围内，则表示径流的变异对河川径流的影响较低，处于自然条件下流量的容许变化范围内；若受到影响后的径流特征指标值大部分处于该目标范围之外，则表明变异对河流的生态环境产生了比较大的负面影响。RVA 的相应指标受到人类活动等的影响后的改变程度 D_i，可用如下的水文改变度指标来度量：

$$D_i=\left|\frac{N_0-N_e}{N_e}\right|\times 100\% \tag{8-8}$$

式中：D_i 表示第 i 个指标的变化程度；N_0 表示受到影响后的水文指标落在 RVA 目标范围内的实际观测年数；N_e 表示受到影响后的水文指标预期落在 RVA 目标范围内的年数。

为了客观地判别水文改变程度指标 D_i 的改变程度，Richter 等研究了不同的流域的改变度指标后，建议 $0\%\leqslant|D_i|<33\%$ 为无改变或低度改变；$33\%\leqslant|D_i|<67\%$ 为处于中度改变程度；$67\%\leqslant|D_i|\leqslant 100\%$ 为高度改变程度；若河川径流改变度特征值 D_i 为 0，则表示河流处于最佳的自然状态。最后，评估水文指标综合改变度采用式（8－9）计算：

$$D_o=\left(\frac{1}{32}\sum_{i=1}^{32}D_i^2\right)^{1/2}\times 100\% \tag{8-9}$$

在一般情况下，生物在其整个生长过程当中不仅需要一定的水量，还需要一定的径流情势过程（水温、流速、增长率等），不同的生长阶段需求的水量大小不同。最佳的生态流量过程为保持河流原来的来水大小和情势过程，但是现阶段水利工程开发不可避免导致河流已经发生了变化[121-122]。生态流量不仅保证了河流生态环境的健康，也保证了人类的生存福祉。但是由于生态流量内在的复杂性，其效益现阶段很难量化。

部分学者研究了生态流量和河流来水量之间的关系后指出，最佳的生态流量过程就是相对于河流自然流量过程其偏移量最小。依据水文改变度指标度量，河流的水文指标改变越小对生态系统的健康和完整性越有利。本节依据以上思想，结合 RVA 方法定量评估嘉陵江略阳取水口的生态效益。在满足调水的同时，嘉陵江下游的生态环境不被严重的破坏，以期得到一个不同决策者都满意的调水与生态环境之间的均衡解。

8.3.2　嘉陵江略阳取水口径流特征

近几十年来，由于人类活动和气候变化对流域的影响加剧，导致很多河流的径流过程都发生了显著的变异，且随着经济社会的快速发展，序列变异在未来会进一步增强，流域的径流过程已经呈现出人类—自然二元水循环的驱动态势[123-124]，导致人类需要转变传统的水资源开发利用方式。国家出台的一系列政策也充分说明，在水资源开发中不仅需要考虑到人类自身对河流水资源的需求，也需要考虑河流水生态环境的保护，在理想情况下探寻人类兴利效益和河流生态效益的均衡解。

一方面，引嘉入汉调水工程是陕西省引汉济渭调水工程的后续水源工程，对于补充引汉济渭工程调水量、保证工程达到远期调水目标具有战略性意义。另一方面，引嘉入汉调水工程的取水口位于嘉陵江干流之上，不可避免地会对嘉陵江略阳以下的河流造成负面影响。若引嘉入汉工程调水量过大，可能会导致嘉陵江生态环境发生不可挽回的损失；调水量过小，则导致引嘉入汉工程对引汉济渭工程的补充作用达不到预期，从而影响整个工程的效益。

由此可知，现阶段工程规划的前期是进一步加大对嘉陵江调水和生态之间相互影响分析，尽可能在保证调水量的同时，保证嘉陵江下游生态环境不受损失，为保证引嘉入汉工程的顺利实现提供科学合理的理论基础。

本节通过对嘉陵江略阳取水口下游的径流特征研究后得出，嘉陵江流域的河流流量近几十年来也发生了极大的变化，不仅体现在流量的极值方面，也体现在径流在年内和年际的分配上。嘉陵江略阳取水口的年径流过程如图 8－10 所示。

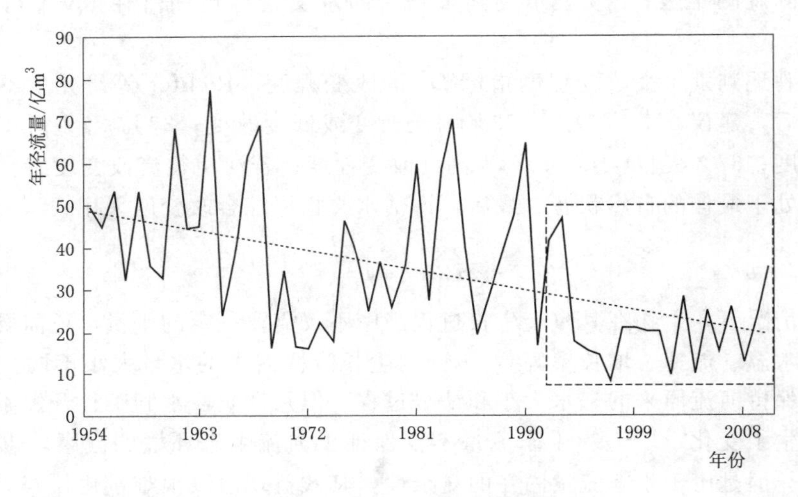

图 8－10　略阳取水口的年径流过程

图 8－10 中可以很明显地看出：嘉陵江略阳取水口下游的年径流量在 1954—2010 年呈现出下降的趋势，导致河流的可利用水资源量减少，且年径流量的极值也显著地发生了变化。丰水年减小，枯水年也减小，相比于调水，径流的变化对河流的生态系统有更加显著的影响。

如图 8－10 所示，在 20 世纪 90 年代后期，略阳取水口的径流发生了明显的变异。由本书 3.3.5 可知，变异年份为 1993 年。由于径流变异极大地改变了河流径流情势过程，不可避免地对嘉陵江的生态系统造成影响，且通过略阳取水口向汉江调水，将会增加人类对嘉陵江生态环境的胁迫效应。从人类和自然相互影响的历史来看，完全消除这种胁迫效应是不可能也是不必要的。在人类活动影响后能不能保证兴利效益实现的前提下，同时保证河流生态系统的健康和完整是需要解决的关键问题。

本节将嘉陵江略阳取水口的径流过程划分为 1954—1993 年和 1994—2010 年两个阶段，分别代表嘉陵江略阳取水口的未变异流量过程（自然流量过程）和变异后的流量过程。通过对变异前后嘉陵江略阳取水口径流特征的研究，揭示引嘉入汉工程不同的调水条件下，嘉陵江略阳取水口下游生态流量的保证程度。在没有引嘉入汉调水工程影响下变异前后的河流多年平均日流量过程如图 8－11 所示。

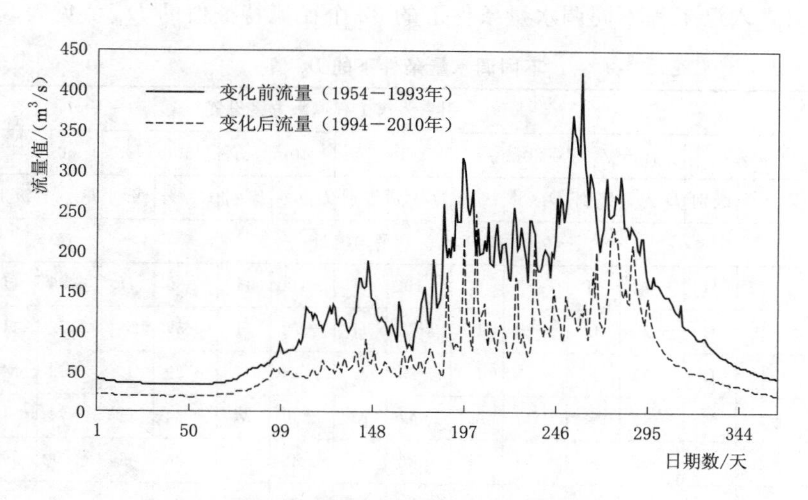

图 8-11 略阳取水口多年平均日流量过程

由图 8-11 可知，嘉陵江略阳取水口的径流过程不仅在年径流量有减小的趋势，且年内的分配也发生了极大的改变。其中，年极端流量的量级和持续时间均有不同程度的降低，由丰到枯的转变更加频繁，径流量在整体年内分配过程中更加均匀。

为了进一步揭示嘉陵江略阳取水口径流在变化前后的不同状态，计算得到的变异前后嘉陵江略阳取水口径流特征值，见表 8-7。

表 8-7 嘉陵江略阳取水口径流特征值

特征值	变化前径流量/(m^3/s)	变化后径流量/(m^3/s)	相对百分比/%
日平均流量	127	66	52
标准差	205	116	57
中值	64	34	53
极大值	3540	2940	83
极小值	33	12	35

由表 8-7 可知，嘉陵江略阳取水口径流的极小值更加显著减小，对其生态系统来说，径流极小值的减小导致生态系统更加脆弱。如果在调水过程中忽略这种影响，在未来嘉陵江略阳取水口下游的生态环境势必要发生极大的变化，生态环境一旦被破坏就很难逆转。这种影响会反作用于调水，使得调水量减少、水质变差等，不符合工程规划的长远调水策略。

8.3.3 嘉陵江略阳取水口的生态环境效益分析

根据以上的研究成果，本节重点研究在嘉陵江略阳取水口径流已经发生变异的情况下，调水工程对其生态环境的进一步影响。将 1954—1993 年的径流过程作为自然状态下的河流径流过程，引嘉入汉调水工程主要影响 1994—2010 年已经发生变异的径流过程，采用 RVA 方法定量评估河流径流特征值受到影响前后的改变大小。依据 RVA 方法的计算结果，在引嘉入汉工程不同调水量条件下的 32 个径流特征值的 D_i 值见表 8-8。

表 8-8　不同调水量条件下的 D_i 值

RVA 指标	引嘉入汉工程调水方案设置															
	/		$10m^3/s$		$20m^3/s$		$30m^3/s$		$40m^3/s$		$50m^3/s$		$60m^3/s$		$70m^3/s$	
	D_i/%	级别	D_i/%	级别	D_i/%	级别	D_i/%	级别	D_i/%	级别	D_i/%	级别	D_i/%	级别	D_i/%	级别
第 1 组：月平均流量																
6 月	−72	H	−72	H	−72	H	−100	H	−100	H	−86	H	−86	H	−86	H
7 月	−15	L	−29	L	−29	L	−72	H	−72	H	−57	M	−72	H	−72	H
8 月	−15	L	−15	L	−15	L	−15	L	−15	L	−29	L	−43	M	−43	M
9 月	−47	M	−47	M	−47	M	−47	M	−60	M	−74	H	−74	H	−60	M
10 月	−43	M	−72	H	−72	H	−86	H	−86	H	−86	H	−100	H	−100	H
11 月	−29	L	−72	H	−72	H	−86	H	−86	H	−86	H	−86	H	−86	H
12 月	−57	M	−86	H	−86	H	−100	H	−100	H	−100	H	−100	H	−100	H
1 月	−57	M	−86	H	−86	H	−100	H	−100	H	−100	H	−100	H	−100	H
2 月	−43	M	−100	H	−100	H	−100	H	−100	H	−100	H	−100	H	−100	H
3 月	−72	H	−72	H	−72	H	−86	H	−100	H	−100	H	−100	H	−100	H
4 月	−43	M	−57	M	−57	M	−100	H	−100	H	−100	H	−100	H	−100	H
5 月	−57	M	−86	H	−86	H	−86	H	−100	H	−100	H	−100	H	−86	H
第 2 组：年极端流量																
最小 1 日	−72	H	−57	M	−57	M	−57	M	−57	M	−57	M	−57	M	−57	M
最小 3 日	−72	H	−57	M	−57	M	−57	M	−57	M	−57	M	−57	M	−57	M
最小 7 日	−72	H	−72	H	−72	H	−86	H	−86	H	−86	H	−86	H	−86	H
最小 30 日	−72	H	−57	M	−57	M	−72	H	−72	H	−72	H	−72	H	−72	H
最小 90 日	−57	M	−86	H	−86	H	−100	H	−100	H	−100	H	−100	H	−100	H
最大 1 日	−43	M	−43	M	−43	M	−43	M	−43	M	−43	M	−57	M	−57	M
最大 3 日	−57	M	−57	M	−57	M	−57	M	−57	M	−57	M	−72	H	−72	H
最大 7 日	−15	L	−15	L	−15	L	−15	L	−15	L	−29	L	−29	L	−43	M
最大 30 日	−21	L	−34	M	−34	M	−34	M	−60	M	−74	H	−74	H	−74	H
最大 90 日	0	L	0	L	0	L	−15	L	−15	L	−29	L	−43	M	−57	M
年平均流量	−72	H	−86	H	−86	H	−57	M	−57	M	−57	M	−57	M	−43	M
第 3 组：年极端流量发生时间																
年最小流量发生时间	28	L	28	L	28	L	0	L	0	L	0	L	0	L	0	L
年最大流量发生时间	−15	L	−15	L	−15	L	−15	L	−15	L	−15	L	−15	L	−15	L

续表

RVA 指标	引嘉入汉工程调水方案设置															
	/		10m³/s		20m³/s		30m³/s		40m³/s		50m³/s		60m³/s		70m³/s	
	D_i/%	级别	D_i/%	级别	D_i/%	级别	D_i/%	级别	D_i/%	级别	D_i/%	级别	D_i/%	级别	D_i/%	级别
第 4 组：高、低流量平均延时																
低流量次数	−8	L	−8	L	−8	L	−31	L	4	L	4	L	−8	L	16	L
低流量延时	27	L	4	L	4	L	4	L	−8	L	27	L	4	L	−31	L
高流量次数	−24	L	−46	M	−46	M	−35	M	−46	M	−46	M	−56	M	−67	M
高流量延时	−43	M	14	L	14	L	−43	M	−15	L	14	L	14	L	−29	L
第 5 组：流量变化改变率频率																
流量增加率	−43	M	−43	M	−43	M	−86	H	−100	H	−100	H	−100	H	−100	H
流量减小率	−65	M	−31	L	−31	L	−42	M	−54	M	−54	M	−54	M	−65	M
流量逆转数	−29	L	−29	L	−29	L	−29	L	−57	M	−72	H	−100	H	−100	H

注 表中符号“H、M、L”分别代表高度改变（High Alteration），中度改变（Middle Alteration）和低度改变（Low Alteration）。

由表 8－8 可知，随着引嘉入汉调水量的增加，略阳取水口的径流改变程度相应增大，大多数指标的改变程度表现出由低到高的转变。不同的指标改变程度差异较大，表明调水对径流特征值的影响有差异。

为了进一步研究调水对径流特征值影响的差异性，图 8－12 给出了不同调水方案下的 D_i 特征值分布箱图。

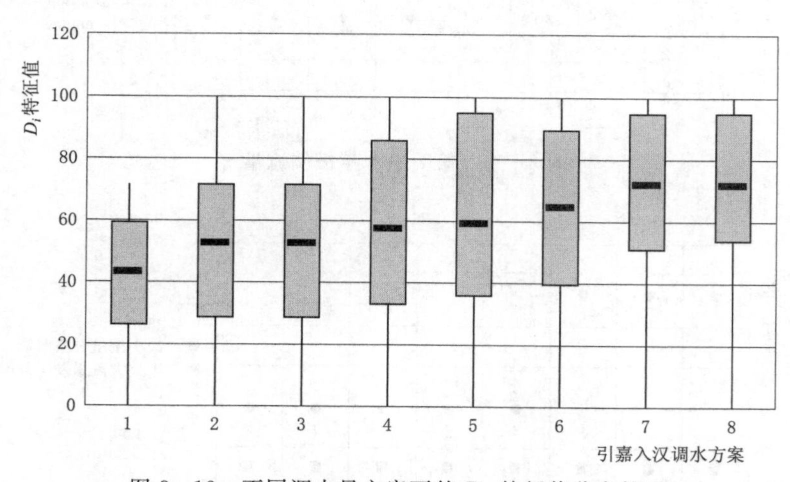

图 8－12　不同调水量方案下的 D_i 特征值分布箱图

由图 8－12 可知，在不同调水量条件下，除了未受到调水工程影响的情况之外，其他调水量情景下的特征值在极大值和极小值之间都有分布，说明调水对嘉陵江略阳取水口的生态环境影响比较显著，且随着调水量的增大，$|D_i|$值的分布更加分散，即不同的径流特征值受到调水量大小的影响不同。

不同分组的径流特征值的分布情况如图 8－13～图 8－17 所示。

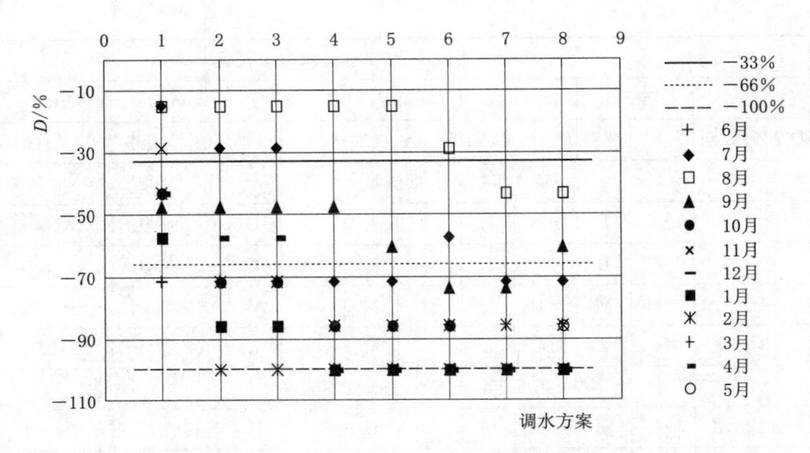

图 8－13　第 1 组：月平均流量

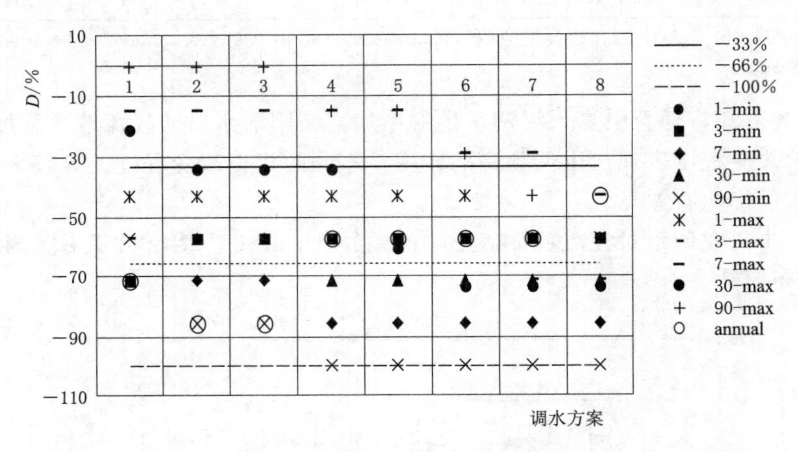

图 8－14　第 2 组：年极端流量

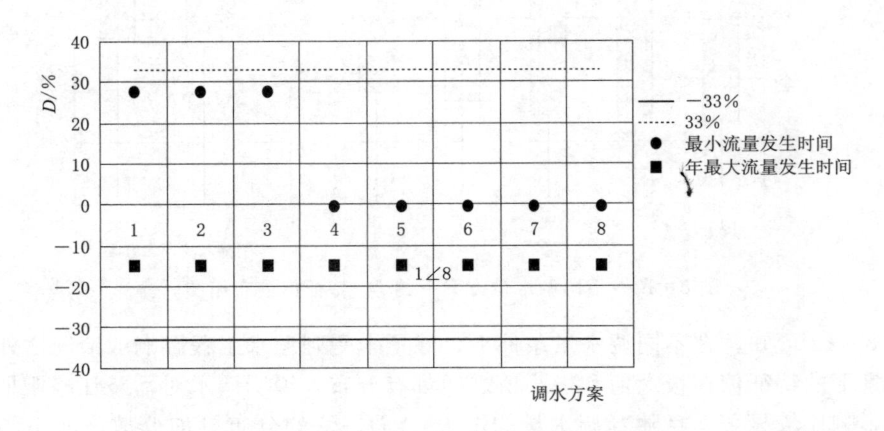

图 8－15　第 3 组：年极端流量发生时间

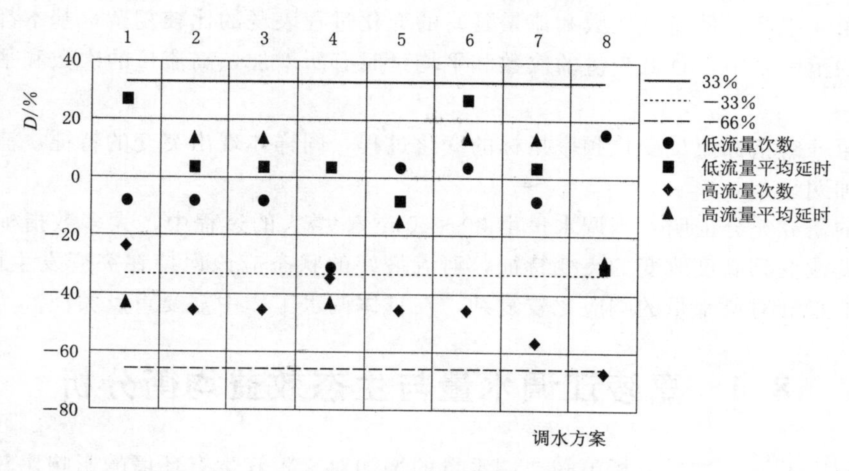

图 8-16 第 4 组：高、低流量平均延时

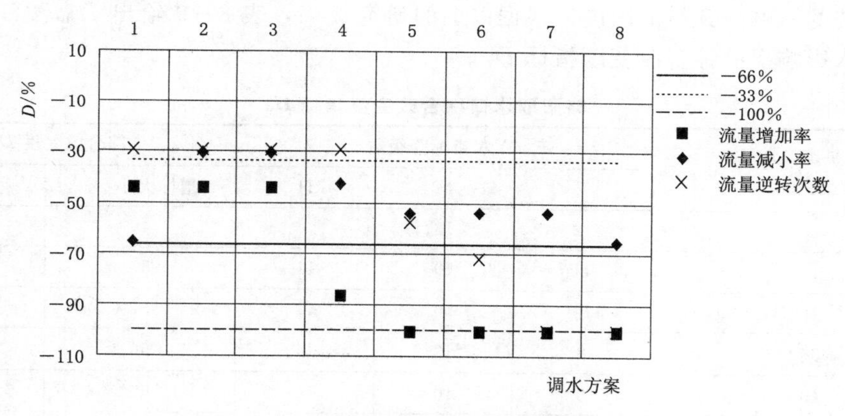

图 8-17 第 5 组：流量变化改变率频率

以上的结果展示了不同指标变化程度受调水影响程度不同。通过分析可知：

(1) 对第 1 组指标月平均流量来说，在引嘉入汉工程调水量由 0～70m^3/s 增大的过程中，不同月份的径流变化程度由低度改变向高度改变转变，即生态效益在原来维持近自然的情况向着被破坏的状态改变，且在调水量由 30～40m^3/s 增大的过程中，大多数指标表现出明显的由中度改变到高度改变的突变特征，对于生态系统来说是最不利的情景。8 月和 9 月径流的改变程度基本都处于低中度改变，重要原因是 8—9 月河流的来水比较丰富，调水工程对其影响不大。

(2) 第 2 组年极端流量也呈现出和第一组同样的改变趋势，即在调水量由 30～40m^3/s 增大的时候，大多数指标表现出明显的由中度改变到高度改变的突变特征，且其对极小特征流量的影响要比极大特征流量的影响要大，径流的平均值表现得更加集中。

(3) 第 3 组年极端流量发生时间改变特征中，极小流量的变化程度同样表现出突变的特征，但是极大流量的变化始终处于低度改变的范围中。表明调水工程对径流极小特征值的影响要远远超过对极大特征值的影响。

（4）第 4 组高、低流量次数和流量延时的变化过程表现的比较复杂，基本都处于低中度改变度的范围之中，且低流量的次数和平均延时有所增加，高流量的次数和平均延时则有所减小。

（5）第 5 组指标流量变化频率指标的变化过程，同样体现出突变的特征，流量增加率改变的更加明显。

以上的研究充分证明：当调水量由 30～40m³/s 增大的过程中，大多数指标表现出明显的由中度改变到高度改变的突变特征，河流最好的状态应该保持在突变发生前的状态，且极个别的指标对调水量的响应比较复杂，在具体调水工作中需要重点关注。

8.4　嘉陵江调水量与生态效益均衡分析

根据以上的研究结果分析可知，调水量的增加对嘉陵江生态环境的影响比较突出，且存在突变点。要保证河流的生态系统处于健康状态，应该避免生态流量的突变，将调水量对生态系统的影响降到最低限度。根据以上的研究成果，表 8-9 给出了嘉陵江的径流过程在有调水影响下的综合改变度指标 D_0。

表 8-9　　略阳取水口综合改变度指标 D_0

嘉陵江供水设计流量 /(m³/s)	RVA 指标等级数			综合改变度 D_0	
	L	M	H	指标大小/%	等级
/	12	13	7	48	M
10	11	10	11	57	M
20	11	10	11	57	M
30	8	10	14	66	M
40	8	10	14	69	H
50	8	8	16	70	H
60	6	8	18	73	H
70	5	10	17	74	H

由表 8-9 可以看出：

（1）在调水量增加的过程中，综合改变度指标由中度改变向着高度改变转变，同时 RVA 指标的高度改变等级数也在逐步的增多。

（2）调水量从 30～40m³/s 增加的过程中，综合指标改变度 D_0 由中度改变上升为高度改变。因此，为了保护嘉陵江的生态系统不被完全的破坏，调水量应该保持在 30～40m³/s 的限度之内。

（3）调水量为 40～50m³/s 时，满足了引嘉入汉调水量的需求，但 D_0 持续为高度改变。嘉陵江调水量和生态效益之间的均衡解为调水 40m³/s 左右，该调水流量即可满足嘉陵江生态效益的需求，也可以充分满足引嘉入汉工程的调水需求。

综上所述，在实际工程规划设计中，应该将调水流量 40m³/s 作为主要控制指标之一；同时，考虑多方面的因素，保证对嘉陵江利用的可持续发展。

在引嘉入汉工程调水量为 40m³/s 时，优化调度模型的调水过程如图 8-18 所示。

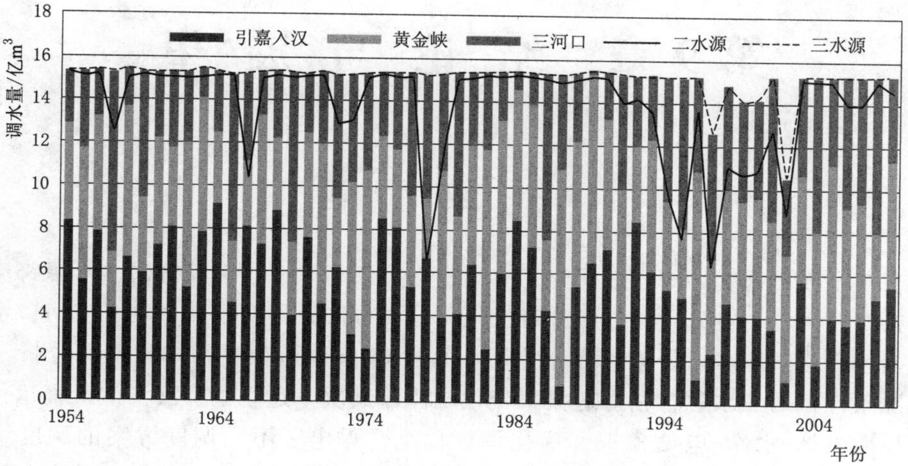

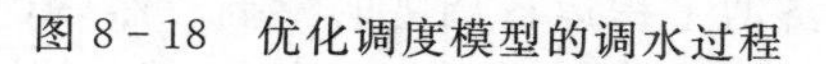

图 8-18 优化调度模型的调水过程

8.5 本 章 小 结

本章在研究了略阳取水口规划的生态环境流量的基础之上，应用 SPI 指数将长系列径流资料划分为典型年系列；应用随机流量历时曲线，求得略阳取水口的生态环境流量。通过分析比较，推荐在 $P=90\%$ 的频率曲线上超过频率为 50% 的流量，作为生态环境流量，推荐的相应典型年系列的生态环境流量：枯水年为 19.1m³/s，平水年为 24.4m³/s，丰水年为 33.7m³/s。本章应用 RVA 方法，研究了略阳取水口在有引嘉入汉工程调水影响下的水生态环境效益，通过对不同调水方案下略阳取水口水生态环境改变程度的研究得出，随着调水量的不断增大略阳取水口的生态效益也在不断降低，且表现出明显的突变特征。对嘉陵江水生态环境改变程度的研究，推荐了引嘉入汉工程最合适的调水量方案。

第9章 结论与展望

9.1 结 论

本书较全面、系统、深入地研究了有无引嘉济汉新水源、引汉济渭多水源跨流域调水工程运行调度问题。首先，通过多种径流规律分析方法，阐明了黄金峡、三河口水库入库径流及嘉陵江略阳取水口径流的统计特征，通过Copula函数进行丰枯遭遇分析，揭示了有新水源条件下的三水源丰枯遭遇概率变化规律；其次，建立了引汉济渭工程运行初期和正常运行期泵站-水库-电站模拟和优化调度模型，得出了不同调度方案的调度策略；接着，阐明了不确定性对引汉济渭工程运行调度的影响；然后，揭示初期和正常运行期三河口多年调节水库年末消落水位规律，制定了工程运行初期和正常运行期的水库联合运行调度规则；最后，通过对嘉陵江略阳取水口的生态效益分析，得出了随着调水量的增大生态效益变化的过程，推荐了略阳取水口的最佳调水量。本书取得的主要研究成果及结论如下。

（1）揭示了嘉陵江与汉江径流特征及丰枯遭遇规律。采用非线性理论、水文统计方法，如不均匀系数法、极值比法、累计距平法、MK趋势检验法、重标极差法及Copula函数法等，揭示了嘉陵江略阳站、汉江黄金峡水库和三河口水库的入库径流量的时空变化特征及丰枯遭遇规律。结果表明，嘉陵江略阳站、汉江黄金峡水库和三河口水库的入库径流量丰枯同步（“丰－丰－丰”＋“平－平－平”＋“枯－枯－枯”）概率为54.11%。因此实际调度中，须特别重视枯水年调度；此外，径流具有较强的丰枯一致性，在未来需要重点关注调水区和受水区都为枯水年的情况，避免因来水不足造成供水损失。

（2）建立并求解了引汉济渭跨流域调水工程模拟调度模型。结合引汉济渭工程的工程特点，不考虑引嘉济汉，建立了泵站-水库-电站模拟调度模型，采用自迭代算法求解模型，在黄金峡先调水三河口作为补充的运行模式下，模拟了引汉济渭工程初期运行的4个调度方案。结果表明，在长委的调水过程严格约束下，改变年内的调水约束，方案1—方案3基本不能满足多年平均15亿m^3的工程设计要求；方案4的调水量20.54亿m^3，满足了多年平均15亿m^3的要求，但属于理想工况，没有考虑对生态的影响，对国家南水北调中线工程影响较大，同时也说明引汉济渭跨流域调水工程具有较大的调水潜力。

（3）建立并求解引汉济渭工程泵站-水库-电站优化调度模型。考虑引嘉济汉调水，分别以缺水率最小和调水量最大为目标，建立了跨流域调水工程正常运行期的泵站-水库-电站优化调度模型，采用改进的布谷鸟算法求解了模型。通过2个模型比较分析，推荐调水量最大模型的计算结果，即引嘉济汉在调水40m^3/s以上，即可满足引汉济渭的补水要求；在严格按长江水利委员会调水过程约束下，可满足多年平均调水15亿m^3、供水量保证率96%、最小供水度为73%的目标满足工程运行设计要求。

(4) 绘制初期和正常运行期水库联合调度图并凝练调度规则。基于长系列水库优化调度策略，绘制黄金峡与三河口水库联合运行调度图；建立了人工神经网络模型，训练了神经网络结构，提取了水库优化调度规则，揭示了水库优化调度规律。

(5) 探明了三河口多年调节水库年末消落水位规律。采用多元逐步回归方法，筛选了影响年末消落水位的主要因子，建立了三河口多年调节水库年末消落水位运行方程，阐明三河口多年调节水库年末消落水位规律。结果表明，三河口水库当年入库水量 (W_t)、供水量 (G_t) 在所有的方案中回归系数是决定年末消落水位的主导因素。

(6) 阐明了不确定性对优化调度模型的影响。提出了跨流域调水工程的水库调度模型的不确定性分析思路、框架和方法，采用拉丁超立方采样 (LHS)、P-Ⅲ型分布和模拟退火算法，生成了 10000 年径流序列，阐明了不确定性对优化调度模型的影响。结果表明：工程在未来运行受到径流来水不确定性的影响较大，导致工程的各项指标也存在较大的不确定性；通过多水源优化调度之后可以显著的降低不确定性对工程运行的影响。

(7) 揭示了不同调水量对嘉陵江略阳站下游生态环境的影响。在研究略阳取水口规划的生态环境流量的基础之上，应用 SPI 指数将长系列径流资料划分为典型年系列；应用随机流量历时曲线，求得略阳取水口的生态环境流量；应用 RVA 方法，研究了略阳取水口在有引嘉入汉工程调水影响下的生态环境效益；通过对不同调水方案下，略阳取水口水生态环境改变程度的研究得出，随着调水量的不断增大略阳取水口的生态效益也在不断降低，且表现出明显的突变特征。通过对嘉临江生态效益和调水量相互影响分析，推荐调水量 $40m^3/s$ 左右为引嘉入汉工程最合适的调水方案。

9.2 主要创新点

针对复杂跨流域调水“泵站-水库-电站”协同运行问题，提出了“抽-调-蓄-输”全过程耦合贯通的系统调控模式，取得的主要创新点如下：

(1) 揭示了嘉陵江、汉江与渭河三流域的径流丰枯遭遇规律。针对大规模、长距离、多水源跨流域调水工程的时空差异性，基于 P-Ⅲ、GEV、LOGN 分布，建立了引汉济渭工程调水区、受水区和有新水源嘉陵江的丰枯遭遇 Copula 联合分布函数，揭示了径流在不同区域的时间和空间上的差异性和丰枯遭遇规律；基于径流丰枯遭遇规律，找到了最有效的调水时机和可调水量。

(2) 建立并求解复杂跨流域调水工程的泵站-水库-电站协同调度模型。针对复杂跨流域调水工程运行调度规模大、约束复杂、高维非线性难点，考虑水库、泵站、电站、输水管道等复杂工程运行工况，针对有无引嘉济汉调水建立了引汉济渭工程泵站-水库-电站模拟和优化协同调度模型，提出了求解模拟调度模型的自迭代算法、求解优化调度模型的改进布谷鸟算法，获得了优化调度策略和方案。

(3) 阐明了径流不确定性对跨流域调水工程优化调度模型的影响。提出了水库调度模型的不确定性分析思路、框架和方法，采用拉丁超立方采样 (LHS)、P-Ⅲ型分布和模拟退火算法，生成了 10000 年径流序列用于分析水库优化调度模型的不确定性，在分析工程运行调度各项指标的不确定性基础上，阐明了不确定性对优化调度模型的影响，发现通过

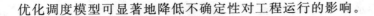

优化调度模型可显著地降低不确定性对工程运行的影响。

9.3 展望

陕西省引嘉济汉、引汉济渭跨流域调水工程解决陕西省关中和陕北地区水资源短缺问题，为地区社会经济可持续发展、生态环境改善提供了新的水资源保障，也为解决北方地区的水资源短缺问题，提供一个跨领域调水的样板。从世界范围内来看，引嘉济汉、引汉济渭跨流域调水工程的复杂性也是少有的，不仅在工程建设中，存在超大埋深长隧洞、高温岩爆、高地应力、高扬程等关键工程技术难题，且在复杂跨流域调水工程运行期中，存在大规模、多目标、高维非线性等泵站-水库-电站调度难题。虽然本书对引嘉济汉、引汉济渭跨流域调水工程运行调度问题进行了较深入研究，取得了初步研究成果，但是还存在许多不足和有待进一步研究问题：

（1）本书重点研究了供水侧的引汉济渭跨流域调水工程运行调度问题，但还缺乏对需求侧的需水规律、水资源合理配置等问题研究，尤其是将水资源合理配置与引汉济渭跨流域调水工程运行调度模型耦合，需要下一步深入研究。

（2）在未来的研究中，需要进一步研究受水区与调水区的水资源调度统一问题，建立考虑受水区调控主体的更大规模的水库群联合调度模型，其求解的复杂性、难度将会增加，需要多学科交叉的联合攻关。

（3）本书仅对水库调度模型的不确定性进行了初步研究，但随着气候变化和人类活动影响加剧，水资源不确定性问题更加突出。因此，需要进一步深入研究不确定性对引汉济渭跨流域调水工程运行调度影响，建立水库群风险调度模型，将水文预报与优化调度有机结合，为引汉济渭跨流域调水工程风险运行调度提供科学依据。

参 考 文 献

[1] 刘晋．乌江梯级七库中长期发电优化调度研究［D］．西安：西安理工大学，2010.

[2] 王浩，王旭，雷晓辉，等．梯级水库群联合调度关键技术发展历程与展望［J］．水利学报，2019，50（1）：25－37.

[3] LITTLE J D C. The use of storage water in a hydroelectric system［J］. Operational Research，1955（3）：187－197.

[4] HOWARD R A. Dynamic programming and markov processes［J］. MIT Press，Cambridge，1960.

[5] LOUCKS D P. Some comments on linear decision rules and chance constraints［J］. Water Resour. Res，1977，13（2）：247－255.

[6] LOUCKS D P，FALKSON L M. A comparison of some dynamic，linear and policy iteration methods for reservoir operation［J］. Water Resour. Bull.，1970，6（3）：384－400.

[7] ASLEW A J. Optimum reservoir operating polocies and the imposition of reliability constraint［J］. Water Resour. Res，1974，10（6）：1099－1106.

[8] ROSSMAN L. Reliability－constrained dynamic programming and randomized release rules in reservoir management［J］. Water Resources Research，1977，13（2）：247－255.

[9] YOUNG G K. Finding reservoir operating rules［J］. Journal Hydraulic Div. Am. Soc. Civ Eng.，1967，93（HY6）：297－321.

[10] HALL W A.，Shephard R W. Optimum operation for planning of a complex water resources system［D］. Technology Rep Water Resour. Cent. Sch. of Eng. And Appl. Sci.，Univ. of Calif.，Los Angeles，October 1967.

[11] TURGEON A. Optimum short－term hydro scheduling from the principle of progressive optimality［J］. Water Resources Research，1981，17（3）：481－486.

[12] AHMED I. On the determination of multi－reservoir operation policy under uncertainty［D］. Tucson，Arizona：The University of Arizona，2001.

[13] FOUFOULA E，Kitanidis P K. Gradient dynamic programming for stochastic optimal control of multi－dimensional water resources systems［J］. Water Resources Research，1988，24（8）：1345－1359.

[14] KARAMOUZ M，VASILIADIS H V. Bayesian stochastic optimization of reservoir operating using uncertain forecast［J］. Water Resources Research，1992，28（5）：1221－1232.

[15] OLIVEIRA R，LOUCKS D P. Operating rules for multi－reservoir systems［J］. Water Resources Research，1997，33（4）：839－852.

[16] 杨旺旺，白涛，赵梦龙，等．基于改进萤火虫算法的水电站群优化调度［J］．水力发电学报，2018，37（6）：25－33.

[17] 吴沧浦．年调节水库的最优运用［J］．科学记录，1960，4（2）：81－85.

[18] 谭维炎，黄守信，刘健民，等．初期运行水电站的最优年运行计划——动态规划方法的应用［J］．水利水电技术，1963（2）：21－26.

[19] 张勇传，熊斯毅，等．柘溪水电站水库优化调度．见：优化理论在水库调度中的应用［M］．长沙：湖南科学技术出版社，1985.

[20] 董子敖，闫建生，尚忠昌，等．改变约束法和国民经济效益最大准则在水电站水库优化调度中

的应用［J］. 水力发电学报，1983（2）：1-11.

［21］张勇传，李福生，熊斯毅，等．水电站水库群优化调度方法的研究．水力发电，1981（11）：48-52.

［22］纪昌明，冯尚友．混联式水电站群动能指标和长期调度最优化［J］. 武汉水利电力学院学报，1984（3）：88-95.

［23］胡振鹏．大系统多目标分解聚合算法及应用［D］. 武汉：武汉水利电力大学，1985.

［24］黄强，沈晋．水库联合调度的多目标多模型及分解协调算法［J］. 系统工程理论与实践，1997（1）：75-82.

［25］李亮，黄强，肖燕，等．DPSA和大系统分解协调在梯级水电站短期优化调度中的应用研究［J］. 西北农林科技大学学报（自然科学版），2005，33（10）：125-129.

［26］梅亚东，熊莹，陈立华．梯级水库综合利用调度的动态规划方法研究［J］. 水力发电学报，2007，26（2）：1-4.

［27］张勇传，邴凤山．水库优化调度的模糊数学方法，优化理论在水库调度的应用［M］. 长沙：湖南科学技术出版社，1985.

［28］吴信益．模糊数学在水库调度中的应用［J］. 水力发电，1983，（5）：13-17.

［29］王本德，周惠成，程春田．梯级水库群防洪系统的多目标洪水调度决策的模糊优选［J］. 水利学报，1994（2）：31-39，45.

［30］程春田，王木德，陈守煜，等．长江中上游防洪系统模糊优化调度模型研究［J］. 水利学报，1997（2）：58-62.

［31］谢新民．水电站水库群模糊优化调度模型与目标协调-模糊规划法［J］. 水科学进展，1995，6（3）：189-197.

［32］李英海．梯级水电站群联合优化调度及其决策方法［D］. 武汉：华中科技大学，2009.

［33］赵鸣雁，程春田，李刚．水库群系统优化调度新进展［J］. 水文，2005，25（6）：18-23.

［34］董子敖，阎建生．计入径流时间空间相关关系的梯级水库群优化调度的多层次法［J］. 水电能源科学，1987，5（1）：29-40.

［35］张玉新．多维决策的多目标动态规划及其应用［J］. 水利学报，1986（7）：1-10.

［36］林翔岳，许丹萍，潘敏贞．综合利用水库群多目标优化调度仁［J］. 水科学进展，1992，3（2）：112-119.

［37］贺北方，丁大发，等．多库多目标最优控制运用的模型与方法［J］. 水利学报，1995，3（3）：84-88.

［38］杨侃，陈雷．梯级水电站群调度多目标网络分析模型［J］. 水利水电科技进展，1998，18（3）：35-38，66.

［39］陈洋波，冯尚友，王先甲．考虑保证出力和发电量的水库调度多目标优化方法［J］. 系统工程理论与实践，1998（4）：95-101.

［40］高仕春，腾燕，陈泽美．黄柏河流域水库水电站群多目标短期优化调度［J］. 武汉大学学报（工学版），2008，41（2）：15-18.

［41］常黎，黄开斌，李慧音，等．一种水库洪水多目标调度的线性综合优化算法［J］. 水电能源科学，2010，28（9）：30-33.

［42］杨扬，初京刚，李昱，等．考虑供水顺序的水库多目标优化调度研究［J］. 水力发电，2015，500（12）：93-96.

［43］ROSENBERG R S. Simulation of genetic populations with biochemical properties［PhD thesis］. Ann Harbor，Michigan：University of Michigan，1967.

［44］DAVID S J. Multiple objective optimization with vector evaluated genetic algorithms. Proceedings of the First International Conference on Genetic Algorithms，Lawrence Erlbaum，1985：93-100.

[45] 朱仲元，朝伦巴根，杜丹，等．多目标遗传算法在确定串联水库系统优化运行策略中的应用[J]．灌溉排水学报，2004，23（6）：71-74.

[46] KIM T，basin Heo J-H，Jeong C-S. Multi-reservoir system optimization in the Han River using multi-objective genetic algorithms. Hydrol Process，2006，20（9）：2057-2075.

[47] JANGA R M，Nagesh K D. Multi-objective differential evolution with application to reservoir system optimization [J]. Journal of computing in civil engineering，2007，21（2）：135-146.

[48] LI Chen，JAMES M，WILLIAM W G Y. A diversified multi-objective GA for optimizing reservoir rule curves [J]. Advances in Water Resources，2007（30）：1082-1093.

[49] 杨俊杰，周建中，方仍存，等．MOPSO算法及其在水库优化调度中的应用[J]．计算机工程，2007，38（18）：249-250，264.

[50] ALEXANDRA M B，DARRELL G F. Use of multi-objective particle swarm optimization in water resources management [J]. Journal of Water Resources Planning and Management，2008，134（3）：257-265.

[51] 李辉．水沙过程预测及水库多目标优化调度研究[D]．天津：天津大学，2008.

[52] 贠汝安，董增川，王好芳．基于NSGA2的水库多目标优化[J]．山东大学学报（工学版），2010（6）：128-132.

[53] 张世宝，温洁，张红旗．基于NSGA-Ⅱ的三门峡水库汛期多目标优化调度[J]．人民黄河，2011（12）：20-21，24.

[54] 张小潭，陈森林，张峰远，等．基于拥挤距离的多目标粒子群优化算法在漳河水库优化调度中的应用[J]．水电能源科学，2013，31（4）：42-45.

[55] 王渤权，王丽萍，李传刚，等．基于自组织映射遗传算法的水库多目标优化调度研究[J]．水电能源科学，2015，33（12）：59-62.

[56] 张松．水文模型单目标优化和水库群调度多目标决策方法研究[D]．武汉：华中科技大学，2016.

[57] 王学斌，畅建霞，孟雪姣，等．基于改进NSGA-Ⅱ的黄河下游水库的目标调度研究[J]．水利学报，2017，48（2）：135-145.

[58] 张召，张伟，廖卫红，等．基于生态流量区间的多目标水库生态调度模型及应用[J]．南水北调与水利科技，2016，14（5）：96-101，123.

[59] 阚艳彬．考虑供水—发电—风险的梯级水库多目标优化调度研究[D]．西安：西安理工大学，2017.

[60] 哈燕萍，白涛，瞿富强，等．不同生态需水过程下水库多目标优化调度[J]．水资源研究，2017（6）：124.

[61] 方国华，林泽昕，付晓敏，等．梯级水库生态调度多目标混合蛙跳差分算法研究[J]．水资源与水工程学报，2017，28（1）：69-73，80.

[62] 张翔宇，董增川，马红亮．基于改进多目标遗传算法的小浪底水库优化调度研究[J]．水电能源科学，2017，35（1）：65-68.

[63] 王学斌，畅建霞，孟雪姣，等．基于改进NSGA-Ⅱ的黄河下游水库多目标调度研究[J]．水利学报，2017，48（2）：135-145，156.

[64] Zhang X.，Luo J.，Sun X.，et al. Optimal reservoir flood operation using a decomposition-based multi-objective evolutionary algorithm [J]. Engineering Optimization，2018，51（1）：42-62.

[65] 邓铭江，黄强，畅建霞，等．大尺度生态调度研究与实践[J]．水利学报，2020，51（7）：757-773.

[66] 吴乐．基于切比雪夫分解法的多目标发电调度群搜索算法研究[D]．深圳：深圳大学，2018.

[67] 苏律文，杨侃，邓丽丽．基于健康江湖关系的长江中游库群多目标优化调度研究[J]．中国农村

水利水电，2018 (1)：33-39.

[68] 银星黎．基于改进多目标鲸鱼算法的水库群供水-发电-生态优化调度研究 [D]. 武汉：华中科技大学，2019.

[69] 赵梦龙．黑河干流梯级水电站水库多目标优化调度研究-发电-生态优化调度研究 [D]. 西安：西安理工大学，2019.

[70] LIU W F，Zhu F L，Chen J，et al. Multi-objective optimization scheduling of wind-photovoltaic-hydropower systems considering riverine ecosystem [J]. Energy Conversion and Management，2019，196：32-43.

[71] 吴智丁．基于仿水循环算法的梯级水库群多目标优化调度研究 [J]. 水力发电，2019，45 (11)：101-107.

[72] 吴梦烟，杨侃，吴云，等．基于改进烟花算法的汾河水库优化调度模型研究 [J]. 水电能源科学，2020，38 (5)：71-75.

[73] 郭生练，何绍坤，陈柯兵，等．长江上游巨型水库群联合蓄水调度研究 [J]. 人民长江，2020，51 (1)：6-10，35.

[74] LIU D，HUANG Q，YANG Y Y，et al. Bi-objective algorithm based on NSGA-Ⅱ framework to optimize reservoirs operation [J]. Journal of Hydrology，2020，585.

[75] 武连洲．引汉济渭工程调水区并联水库多目标调度研究 [D]. 西安：西安理工大学，2017.

[76] 卢华友，沈佩君，邵东国，等．跨流域调水工程实时优化调度模型研究 [J]. 武汉水利电力大学学报，1997 (5)：12-16.

[77] 耿六成，张磊，刘爱军．南水北调中线工程河北省段水量调蓄问题 [J]. 河北水利水电技术，2000 (S1)：60-61.

[78] 杨春霞．大伙房跨流域引水工程优化调度方案研究 [D]. 大连：大连理工大学，2007.

[79] LI X S，WANG B D，RAJESHWAR M，ASHISH S.，Wang，G. L. Consideration of trendsin evaluating inter-basin water transfer alternatives within a fuzzy decision making framework [J]. Water Resources Mangement，2009，23：3207-3220.

[80] 梁国华，王国利，王本德，等．大伙房跨流域引水工程预报调度方式研究 [J]. 水力发电学报，2009，28 (3)：32-36.

[81] XI S，WANG B，LIANG G，et al. Inter-basin water transfer-supply model and risk analysis with consideration of rainfall forecast information [J]. Science China Technological Sciences，2010，53 (12)：3316-3323.

[82] CHEN H，CHANG N. Using fuzzy operators to address the complexity in decision making of water resources redistribution in two neighboring river basins [J]. Advances in Water Resources，2010，33 (6)：652-666.

[83] 习树峰，王本德，梁国华，等．考虑降雨预报的跨流域调水供水调度及其风险分析 [J]. 中国科学：技术科学，2011，41 (6)：845-852.

[84] GUO X N，HU T S，et al. Bilevel model for multi-reservoir operating policy in inter-basin water transfer-supply project [J]. Journal of Hydrology，2012，424：252-263.

[85] 郭旭宁，胡铁松，吕一兵，等．跨流域供水水库群联合调度规则研究 [J]. 水利学报，2012，43 (7)：757-766.

[86] 曾祥，胡铁松，郭旭宁，等．跨流域供水水库群调水启动标准研究 [J]. 水利学报，2013，44 (3)：253-261.

[87] 周惠成，刘莎，程爱民，等．跨流域引水期间受水水库引水与供水联合调度研究 [J]. 水利学报，2013，44 (8)：883-891.

[88] Zeng X，Hu T，Guo X，et al. Water transfer triggering mechanism for multi-reservoir operation

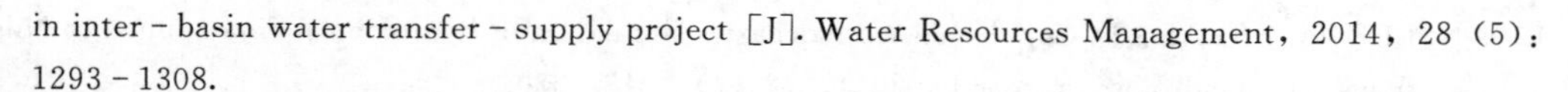

in inter - basin water transfer - supply project [J]. Water Resources Management, 2014, 28 (5): 1293 - 1308.

[89] 彭安帮. 跨流域水库群引水与供水联合优化调度研究 [D]. 大连: 大连理工大学, 2015.

[90] 李昱, 彭勇, 初京刚, 等. 复杂水库群共同供水任务分配问题研究 [J]. 水利学报, 2015, 46 (1): 83 - 90.

[91] 彭安帮, 彭勇, 周惠成. 跨流域调水条件下水库群联合调度图概化降维方法研究 [J]. 水力发电学报, 2015, 34 (5): 35 - 43.

[92] 孙万光, 杨斌斌, 徐岩彬, 等. 有外调水源的多年调节水库群供水优化调度模型研究 [J]. 水力发电学报, 2015, 34 (6): 21 - 27.

[93] 万文华, 郭旭宁, 雷晓辉, 等. 跨流域复杂水库群联合调度规则建模与求解 [J]. 系统工程理论与实践, 2016, 36 (4): 1072 - 1080.

[94] 万芳, 周进, 原文林. 大规模跨流域水库群供水优化调度规则 [J]. 水科学进展, 2016, 27 (3): 448 - 457.

[95] BO M, LIU P, CHANG J. Deriving Operating rules of pumped water storage using multiobjective optimization: Case study of the Han to Wei Interbasin Water Transfer Project, China [J]. Journal of Water Resources Planning and Management, 2017, 143 (10).

[96] REN K, HUANG S, HUANG Q, et al. Defining the robust operating rule for multi - purpose water reservoirs under deep uncertainties [J]. Journal of Hydrology, 2019 (578): 124 - 134.

[97] 高学平, 朱洪涛, 闫晨丹, 等. 基于 RBF 代理模型的调水过程优化研究 [J]. 水利学报, 2019, 50 (4): 439 - 447.

[98] REN K, HUANG S, HUANG Q, et al. Assessing the reliability, resilience and vulnerability of water supply system under multiple uncertain sources [J]. Journal of Cleaner Production, 2020, 252: 119806.

[99] WU L, BAI T, HUANG Q. Tradeoff analysis between economic and ecological benefits of the inter basin water transfer project under changing environment and its operation rules [J]. Journal of Cleaner Production, 2020 (248): 119294.

[100] ROOZBAHANI A, GHASED H, Hashemy Shahedany M. Inter - basin water transfer planning with grey COPRAS and fuzzy COPRAS techniques: A case study in Iranian Central Plateau [J]. Science of the Total Environment, 2020, 726: 138499.

[101] 金鑫, 郝彩莲, 王刚, 等. 供水水库多目标生态调度研究 [J]. 南水北调与水利科技, 2015 (3): 463 - 467.

[102] 王本德, 周惠成, 卢迪. 我国水库 (群) 调度理论方法研究应用现状与展望 [J]. 水利学报, 2016 (3): 337 - 345.

[103] YANG X S, DEB S. Cuckoo Search via Levy Flights [J]. Mathematics, 2010: 210 - 214.

[104] YANG X S, DEB S. Engineering Optimisation by Cuckoo Search [J]. International Journal of Mathematical Modelling & Numerical Optimisation, 2012, 1 (4): 330 - 343.

[105] 明波, 黄强, 王义民, 等. 基于改进布谷鸟算法的梯级水库优化调度研究 [J]. 水利学报, 2015, 46 (3): 341 - 349.

[106] 胡铁松, 万永华, 冯尚友. 水库群优化调度函数的人工神经网络方法研究 [J]. 水科学进展, 1995 (1): 53 - 60.

[107] 郭旭宁, 秦韬, 雷晓辉, 蒋云钟, 王浩. 水库群联合调度规则提取方法研究进展 [J]. 水力发电学报, 2016, 35 (1): 19 - 27.

[108] BEST J. Anthropogenic stresses on the world's big rivers [J]. Nature Geoscience, 2019, 12 (1): 7 - 21.

[109] LEE T, SALAS J D. Copula - based stochastic simulation of hydrological data applied to Nile river flows [J]. Hydrology Research, 2011, 42 (4): 318 - 330.

[110] SRIVASTAV R K, SIMONOVIC S. P. An analytical procedure for multi - site, multi - season streamflow generation using maximum entropy bootstrapping [J]. Environmental Modelling and Software, 2014 (59): 59 - 75.

[111] BORGOMEO E., FARMER C L., HALL J W. Numerical rivers: A synthetic streamflow generator for water resources vulnerability assessments [J]. Water Resources Research, 2015, 51 (7): 5382 - 5405.

[112] SILVA A T, PORTELA M M. Disaggregation modelling of monthly streamflows using a new approach of the method of fragments [J]. Hydrological Sciences Journal, 2012, 57 (5): 942 - 955.

[113] 洪兴骏，郭生练，周研来．标准化降水指数SPI分布函数的适用性研究 [J]. Journal of Water Resources Research, 2013, 2 (1): 33 - 41.

[114] HEIM R R J. A review of twentieth - century drought indices used in the United States [J]. Bull. amer. meteor. soc., 2002, 83 (8): 1149 - 1165.

[115] 黄强，赵梦龙，李瑛．水库生态调度研究新进展 [J]. 水力发电学报，2017 (3): 1 - 11.

[116] LYTLE D A, POFF N L. Adaptation to natural flow regimes [J]. Trends in Ecology & Evolution, 2004, 19 (2): 94 - 100.

[117] SUGIYAMA H, VUDHIVANICH V, WHITAKER A C, et al. Stochastic flow duration curves for evaluation of flow regimes in rivers [J]. Jawra Journal of the American Water Resources Association, 2003, 39 (1): 47 - 58.

[118] 刘静，郑红星，戴向前．随机流量历时曲线及其在生态流量计算中的应用 [J]. 南水北调与水利科技，2011, 9 (3): 118 - 123.

[119] 王为民，金玉广．流量历时曲线法在年径流计算中的应用 [J]. 吉林水利，1994 (7): 34 - 36.

[120] RICHTER B D, WARNER A T, MEYER J L, et al. A collaborative and adaptive process for developing environmental flow recommendations [J]. River Research & Applications, 2006, 22 (3): 297 - 318.

[121] STALNAKER C, LAMB B L, HENRIKSEN J, et al. The Instream Flow Incremental Methodology: a primer for IFIM [J]. Instream Flow Incremental Methodology A Primer for Ifim, 1995: 29.

[122] KING J, LOUW D. Instream flow assessments for regulated rivers in South Africa using the Building Block Methodology [J]. Aquatic Ecosystem Health & Management, 1998, 1 (2): 109 - 124.

[123] 王浩，王建华，秦大庸．流域水资源合理配置的研究进展与发展方向 [J]. 水科学进展，2004, 15 (1): 123 - 128.

[124] 王熹，王湛，杨文涛，等．中国水资源现状及其未来发展方向展望 [J]. 环境工程，2014, 32 (7): 1 - 5.

附　　录

不同调度情景下控制闸处实际调水量

年份	二水源/亿 m^3	三　水　源/亿 m^3						
		10 m^3/s	20 m^3/s	30 m^3/s	40 m^3/s	50 m^3/s	60 m^3/s	70/m^3/s
1954	15.28	15.20	15.27	15.48	15.49	15.54	15.46	15.68
1955	15.10	15.24	15.29	15.41	15.40	15.36	15.35	15.39
1956	15.16	15.29	15.29	15.33	15.44	15.40	15.54	15.35
1957	12.57	15.23	15.20	15.27	15.29	15.23	15.29	15.27
1958	15.00	15.31	15.39	15.44	15.44	15.50	15.54	15.56
1959	15.20	15.31	15.25	15.33	15.34	15.42	15.41	15.45
1960	15.08	15.23	15.28	15.27	15.28	15.39	15.40	15.45
1961	15.05	15.29	15.27	15.27	15.25	15.42	15.29	15.42
1962	15.00	15.25	15.22	15.25	15.37	15.44	15.39	15.44
1963	15.08	15.34	15.34	15.32	15.44	15.42	15.59	15.63
1964	15.17	15.31	15.37	15.42	15.41	15.37	15.52	15.61
1965	15.16	15.31	15.31	15.31	15.34	15.33	15.38	15.39
1966	10.38	13.95	15.20	15.20	15.23	15.28	15.33	15.30
1967	15.03	15.20	15.28	15.38	15.40	15.56	15.48	15.57
1968	15.16	15.23	15.24	15.37	15.46	15.38	15.54	15.43
1969	15.05	15.30	15.32	15.27	15.25	15.32	15.32	15.31
1970	15.16	15.20	15.28	15.35	15.32	15.44	15.31	15.43
1971	15.16	15.24	15.32	15.29	15.31	15.44	15.42	15.44
1972	12.89	15.23	15.20	15.20	15.25	15.29	15.33	15.35
1973	13.09	15.11	15.23	15.25	15.23	15.25	15.25	15.25
1974	15.05	15.28	15.29	15.37	15.27	15.31	15.37	15.42
1975	15.25	15.31	15.27	15.39	15.43	15.50	15.50	15.48
1976	15.13	15.20	15.30	15.36	15.41	15.41	15.33	15.43
1977	15.13	15.22	15.35	15.34	15.38	15.38	15.38	15.25
1978	6.67	11.20	14.04	15.20	15.20	15.27	15.23	15.37
1979	11.55	13.47	14.32	15.28	15.28	15.37	15.35	15.40
1980	15.02	15.20	15.29	15.25	15.39	15.27	15.48	15.42
1981	15.10	15.20	15.32	15.37	15.33	15.39	15.46	15.44
1982	15.19	15.27	15.37	15.39	15.27	15.45	15.39	15.44

续表

年份	二水源/亿 m^3	三 水 源/亿 m^3						
		10 m^3/s	20 m^3/s	30 m^3/s	40 m^3/s	50 m^3/s	60 m^3/s	70/m^3/s
1983	15.16	15.25	15.23	15.39	15.51	15.39	15.48	15.42
1984	15.25	15.27	15.34	15.37	15.54	15.41	15.45	15.56
1985	15.16	15.20	15.36	15.39	15.41	15.38	15.42	15.32
1986	15.06	15.29	15.27	15.23	15.41	15.29	15.36	15.27
1987	14.92	15.23	15.31	15.25	15.22	15.32	15.34	15.25
1988	15.05	15.23	15.20	15.25	15.41	15.48	15.43	15.49
1989	15.21	15.23	15.29	15.45	15.50	15.54	15.56	15.71
1990	15.14	15.36	15.31	15.33	15.29	15.42	15.40	15.52
1991	13.99	15.23	15.27	15.25	15.23	15.37	15.25	15.25
1992	14.21	15.23	15.25	15.28	15.28	15.27	15.48	15.42
1993	13.57	15.29	15.27	15.27	15.29	15.42	15.36	15.43
1994	9.71	13.30	15.20	15.22	15.22	15.25	15.22	15.27
1995	7.67	11.55	13.05	14.57	15.20	15.20	15.23	15.23
1996	13.63	15.20	15.25	15.23	15.28	15.27	15.27	15.30
1997	8.42	9.46	10.90	9.79	10.85	12.45	12.42	12.45
1998	11.00	12.54	13.74	14.51	15.22	15.27	15.28	15.31
1999	10.67	11.33	12.32	13.37	13.96	15.28	15.32	15.28
2000	10.80	12.42	13.26	13.85	14.29	15.20	15.27	15.29
2001	12.70	13.72	14.37	14.57	14.57	14.54	15.28	15.28
2002	9.84	10.25	10.36	8.84	9.28	9.39	9.84	12.68
2003	15.05	15.23	15.24	15.29	15.27	15.29	15.35	15.39
2004	15.08	15.23	15.28	15.25	15.31	15.25	15.28	15.25
2005	15.03	15.25	15.23	15.23	15.27	15.30	15.32	15.28
2006	13.98	15.20	15.23	15.23	15.20	15.29	15.29	15.25
2007	13.95	15.25	15.20	15.23	15.25	15.34	15.31	15.33
2008	15.00	15.20	15.20	15.25	15.28	15.25	15.28	15.28
2009	14.59	15.20	15.28	15.25	15.25	15.35	15.41	15.28
平均值	13.83	14.63	14.90	14.99	15.08	15.19	15.22	15.29